香氣的科學

從天然香氣、人工合成香氣的分子構造到萃取提煉的技術原理全解析

平山令明　著
黃怡筠　譯

晨星出版

前言

好的氣味稱作「香氣」。在我們的日常生活中充滿「香氣」，我們也會利用「香氣」。我想很多讀者都聽過芳香療法，應該也有不少人很努力把香氣帶入生活中。會思考該擦哪種香水比較好這個問題的人或許不多，但是選購洗髮精、肥皂、沐浴乳還有化妝品時，出乎意料地，有非常多人會以「香氣」作為選擇產品的關鍵。

喜愛花朵的人，不僅受花朵美麗的色彩、形狀所吸引，也陶醉在花朵的「香氣」中。好的「香氣」能豐富我們的生活，尤其在精神層面上。事實上，人類從幾千年前就開始利用「香氣」。

但是我們從來沒什麼機會好好學習「香氣」，換句話說，我們沒什麼機會學習有關嗅覺的知識。為了聰明使用「香氣」、安心享受「香氣」，學習有關「香氣」的科學知識非常重要。本書的最大目的是要從科學的層面談「香氣」，談一談什麼是「香氣」？我們如何感受「香氣」？我們如何獲得良好的「香氣」？「香氣」帶給我們什麼樣的影響？等等。

「香氣」是一種難以透過言語形容的感覺，但是香氣也是一種直接打動人心的感覺。各位讀者或許曾經經歷過，比如說聞到某種「香氣」的瞬間，過去的記憶立刻浮現腦海。此外，聞到「香氣」的瞬間我們的心立即就沈靜下來。我們所經歷過的這些有關「香氣」特有的效果在科學上有沒有根據？嗅覺雖然具有其他感覺所沒有的特徵，但是相關研究卻比其他感覺的研究慢了許多，很遺憾仍然殘留非常多的待解之謎。本書希望能介紹目前這些有關「香氣」的獨特現象的現狀，以及一般對其了解的狀況。

「香氣」其實是化學物質，所以要正確掌握「香氣」必須了解香氣的化學。所以本書也介紹了解「香氣」各個層面所需之最小限度的「香氣化學」。特別針對對芳香療法或香水有興趣的讀者，如果您希望更深度了解「香氣」，更安全有效地利用「香氣」，本書中介紹的「香氣的化學」的基礎將對您有很大的幫助。

這些有關香氣的知識也能更加拓展「香氣」所帶來的樂趣。我相信至少，有關「香氣」分子的知識對於了解哪種「香氣」才適合自己，選擇能粧點生活增添變化的「香氣」上很有幫助。

第8章 來自大自然的香氣分子

第9章 從天然香料到合成香料……183

第10章 香氣分子的效果與安定性

第11章

第 1 章
粧點生活的香氣

1-1 存在我們周遭的各種香氣

每天的日常生活中充滿著各種「氣味」。有時我們未必特別意識到「氣味」的存在，但有時候也會強烈地感受到「氣味」。氣味可概分為令人愉快的「香氣」或「氣味」，也有令人不悅的「臭味」。這本書中談的是好的「氣味」，也就是「香味」和「香氣」。

近來愈來愈多飯店、大型辦公大樓還有百貨公司，一踏進入口愉悅的淡淡香氣即迎面而來。我們在走進這類建築物的瞬間，因為聞到香氣心情隨之放鬆，空間的氣氛顯得寧靜，情緒也變得沈穩安定。當然建築物內部的燈光照明、音響也深深地影響我們的情緒，但是香氣在影響心情上也非常重要。

後文中將對香氣詳細解釋，但香氣是一種化學物質，一般稱作香料。只要重新檢視我們的周遭，就能發現存在許多含有香料的物質。代表性的好香料除了香水、古龍水，以及淡香水外，在我們化妝、洗臉、沐浴以及洗衣時使用的大多數產品都含有香料。含有香料的產品多得不勝計數，甚至必須在不含香料的產品上標上「無香料」的標示。大部分的人在選購這些產品時，應該都會刻意選擇自己喜好香味的商品。除了透過人造產品享受香氛外，我們還會種植花草樹木，或者插花來獲得香氛的效果。同時，在品嚐水果時，水果新鮮水嫩的香氣也令人愉快。相對地，我們也能敏銳地感受到有害人體健康、腐敗等的「臭味」味道，並且敬而遠之。

我們運用鼻子來感知「氣味」。在我們臉上有兩個眼睛、兩個耳朵、兩個鼻孔以及一張嘴，這些器官在我們感受外部訊息時發揮著重要功能。接收外部資訊除了上述的感官外，還有全身的皮膚。眼睛、耳朵、鼻孔分別都有兩個，是因為視覺、聽覺以及嗅覺需要立體地去感受，而且在發生這類感覺時，必須測量發生原因的位置（與自己的距離）的緣故。人類的視覺比較發達，因此很擅長利用眼睛測量位置距離，但是人類不擅長透過嗅覺尋找氣味的來源所在。狗等其他的動物都很善於運用嗅覺定位。人類的活動以視覺為中心，透過嗅覺收集訊息的重要性相對較低。

人類從小就有機會透過眼睛欣賞美術與閱讀文字，並且使用耳朵聆聽音樂，這些也是教育的一部份。因此，對於這類感覺我們擁有共通的語言，在學校裡也有相對應的個別學科。就某個層面來說，我們從小就強制地學習標準的感受模式。視覺與聽覺都因為物理性、實體性的刺激產生感覺，但是味覺則不然。近來因為日本料理被指定為無形文化遺產後，一般對於味覺的關心升高，在一般家庭中也會利用食譜呈現某些特定的味覺。不過，學校教育中沒有學習味覺的機會，基本上都透過家庭或個人經驗學習。儘管如此，每個人還是學會了一套與他人可溝通的味覺感受。

不過，嗅覺則完全異於聽覺、視覺與味覺，嗅覺完全沒有機會學習與人溝通、表達嗅覺上的必要基礎。我這個說法其實一點也不誇張。嗅覺和味覺同樣都是因為化學性的刺激所產生的感覺，兩者彼此關係密切，我們嗅覺經驗可說源自於食物的「味道」。但是怎麼說明「味道」太過困難，因此也很難系統性地教導「味道」的知識，在學校教育中也幾乎見不到相關的課程。其實連在家庭中，通常也很難表達關於「氣味」的訊息，能夠獨立表達「氣味」的辭彙數量極少。反而是在形容氣味時，我們大多藉助表達其他感官感受的辭彙來描述氣味。也就是說，大多數的人類都沒有機會透過系統性或科學性方法，學習有關「氣味」的知識。

儘管如此，「香氣」是我們日常生活中隨處俯拾可見，甚至可說是在距離我們身體最近處所隨時都能感受到的現象，對我們有很大的影響力。因此，若能更科學地學習「香氣」的學問，在正確知識之上我們就能更加活用「香氣」豐富生活的內涵。

1-2 香氣的神奇力量

眼盲耳聾的海倫凱勒曾說過「氣味擁有強力的魔法，它帶我到達數千英里遠以外的地方，也讓我跨越時空回顧人生的所有歲月」。這句話其實也適用於聽覺、視覺都正常的一般人身上，正確地傳達了嗅覺的特性。

普魯斯特效應（The Proust effect）表達的就是嗅覺的特異性。法國小說家馬塞爾・普魯斯特（Marcel Proust）在他原文為法語、長達三千頁的超長篇小說《追憶逝水年華》（*A la recherche du temps perdu*）著作中描述到，主人公在將瑪德蓮蛋糕（Madeleine）沾浸到紅茶中時，那股「香氣」剎那間讓他穿越時空回到了童年。鮮明地回想起夏季他與家人一起在貢布雷（Combray）那個鄉下小鎮渡假的情景。基於這段場景，後來人們就將「因為特定氣味喚醒相關的記憶或情感」的現象稱作魯斯特效應（The Proust Effect）。

我們經常有記憶的片段閃過腦海的經驗，在「氣味」引發的契機下，記憶片段閃回（flash back）的情形就是魯斯特效應。筆者也曾調查身邊的親友，大家似乎都曾經有過類似的經驗。後文中也將詳細介紹，嗅覺與其他感覺不同，「氣味」是唯一不經大腦皮質，直接傳導到掌管儲存記憶的海馬迴（Hippocampus）或掌管感情反應的杏仁核（amygdala）的感覺，這也是為什麼嗅覺會引發經驗再現、閃回（flash back）的原因。

在愛爾蘭作家奧斯卡・王爾德的代表作品——小說《道林・格雷的肖像》（*The Picture of Dorian Gray*）中有一段如下的文字。

「薔薇濃郁的香氣充滿了工房的空間，夏日微風穿過庭院的樹木間，將紫丁香濃郁的香氣，以及開著粉紅花朵的野山楂的細緻香味送入敞開的大門內」。

這篇文章一開頭充滿了花朵的香氣，對於了解薔薇、紫丁香還有野山楂的花季，以及花香的讀者而言，這段文字帶來了極度鮮明且神奇的感覺。文字中提及夏日，所以時間點是在夏季。薔薇有四季開花的品種，但是紫丁香和野山楂都是屬於春季開花的植物。文中季節微妙的偏差是人工刻意造成，這些花的香氣之所以同時出現在一個場景中，或許是作家王爾德刻意的設定。薔薇的香氣創造出光明且華麗的幸福感。

筆者很喜歡的畫家約翰・威廉・瓦特豪斯（John William Waterhouse）有一副作品「薔薇的靈魂」（The Soul of the Rose）（**圖1－1**）。觀賞這幅畫時即使不是薔薇的愛好者，也能感受到薔薇的芬芳。而且甚至透過畫中女孩沈醉在花香中的表情，也能想像出薔薇香氣的質感。紫丁香的香味澄澈清爽而甘甜，那香氣帶著天真無邪的青春。野山楂的香味甘甜炙烈，對於堅決不把野山楂插在家中的英國人而言，他們對於這股甜膩的香氣，印象可能與我們截然不同。野山楂中含有化合物三乙胺（Triethylamine）的香味，事實上這種香氣會導致人體中毒甚或死亡。王爾德在這篇小說一開頭借用三種花的香氣來預告全篇的故事，至少筆者這麼認為。

圖1-1 「薔薇的靈魂（The Soul of the Rose）」（John William Waterhouse, 1908）

天芥菜（Heliotropium，又名香水草）（**圖1－2**）在夏季到秋季間會開出可愛的淡紫與白色花朵。這種花的英文名稱為「Heliotrope」，大概像筆者年代（一九四〇年代後半出生）以前的人，都應該聽過「Heliotrope」這個名

圖1-2 天芥草（香水草）
（照片提供者：Stan Shebs）

稱，而且講到這個名稱，相信很多人的腦海裡就會浮現一股甘甜、摻雜著杏仁香氣的香草香。以香水草為主要原料的香水是日本進口銷售的第一款香水。在明治時代（譯註：一八六八年一月二十五日～一九一二年七月三十日）這款香水應該屬於高級品，一直到一九五〇年代才成為一般百姓也用得起的商品。這是因為在一九五〇年奇士美（Kiss me）化妝品公司推出了一般人都買得起的「Heliotrope香水」（**圖1－3**）。由於主打的廣告標語「悲戀的甜美」以及新穎的製造方法的關係，這款香水大為暢銷。筆者的母親也曾經使用這款採用充滿特色的梯形玻璃容器與圓形金色蓋子包裝的「Heliotrope香水」。每當舉行母姊會或學校活動時，母親總會搽上這款香水。因此每當聞到「Heliotrope香水」的氣味時，記憶就會瞬間時光倒轉回一九五〇年代的幼稚園與小學時期，彷彿已過世母親的關愛就在身旁。這種體驗正是如假包換的「魯斯特效應」。

日本知名的小說中也出現過這款「Heliotrope香水」的氣味，就是在夏目漱石的小說《三四郎》中。《三四郎》裡有好幾段知名的場景，包含出現「Heliotrope香水」的這一段：

「那女人將紙袋放入懷中。當她將手從和服外套中伸出來時，手上拿著白手絹。三四郎看她將手絹捂在鼻子上，看起來像是在嗅著手絹。沒多久，那女人突然將手伸到三四郎的臉前。一陣濃烈的香氣撲來。

女人輕輕說『這是Heliotrope香水』。三四郎反射地將臉往後退。Heliotrope香水的瓶子，四丁目街道的黃昏。迷途的羊呀，迷途的羊。太陽明亮地高掛天空。」

圖1-3 奇士美公司的香水「Heliotrope」

故事發展過半後，有一段關於有人詢問三四郎香水事情的場面，三四郎說「隨便都好」，選了Heliotrope香水。這款Heliotrope的商品很可能是Heliotrope Blance的縮寫，以穿著純白結婚禮服，清新而低調的花嫁新娘的意象設計

圖1-4 三四郎挑選的可能就是這款Heliotrope香水

出的一款香水。雖然不知小說中的三四郎是否選擇相同設計的包裝瓶，但是這款香水目前似乎仍在銷售中（**圖1－4**）。讓三四郎「隨便都好」地選了這款香水，可能是夏目漱石為後續發展所埋的伏筆。濃烈的香氣、反射地將臉往後退都暗示著後來兩人之間的關係發展。聞過「Heliotrope香水」氣味的讀者在故事後半美禰子每次出現時，應該都會想起Heliotrope香水，相信也能感受到空氣中飄揚而去的香氣。

1-3 人類與香氣的五千年歷史

屬於好的「氣味」的「香氣」，不論東西方使用的歷史十分悠久。「香氣」和土器不同，無法以「物品」的形態保留下來，所以也難以追溯人類從何時開始利用香氣。但是人類應該在史前就懂得使用帶有芳香氣味的植物花朵或樹脂。蘇美文明（紀元前三〇〇〇年左右）的記載中已經存在關於「香氣」的內容。一些現代常用的香料，在楔形文字中也有相關的敘述。此外，在紀元前三〇〇〇年左右的埃及文明中也可見到香料的使用。紀元前二五〇〇年左右埃及人在製作木乃伊時，除了「香氣」的目的外，埃及人也嘗試使用各種香料，希望達到防腐的效果。除此以外，希臘、印度以及中國的古代文明也留下了許多關於「香味」的記載。當然這些古代文明間，彼此一定也曾經相互交流與互相影響，這些情況同時也顯示，不論人種、民族，在人類的生活中與香料存在密切的關係。

日本應該也從史前開始使用香味。在日本最古老的書籍《古記事》與《日本書紀》中，就記載了一種名為非時香果的水果香味。非時香果就是現在的橘子，橘子樹為常綠植物，擁有令人舒暢的香氣，自古就受人喜愛。而且橘子為日本固有的柑橘品種，在佛教傳至日本連帶引進中國的香料以前，橘子很可能一直都是日本國內重要的香味來源。此後，隨著佛教傳到日本，不僅來自中國的香料，其他古代文明使用的香料也同時進入日本。在保管古代文物的正倉院裡，目前都保存著香料以及相關的用具。

不論東洋西洋，香氣與宗教、儀式一直都有密切關係。例如為了防臭與防腐，在木乃伊製作上使用的沒藥（Myrrh）就某個層面來說，針對實用性目的所使用的香料並不多，而是香料本身自古以來就與人類的精神生活關係密不可分。走進許多宗教的寺院、教會以及神社，都會籠罩在該處獨特的香味中。這股香氣安定了人們的心，也讓人湧出神聖的情緒。而且這些香氣不分宗教的種類、宗派，都跨越了語言、教義直接感動我們的心。

在第五世紀的希臘，香氣不僅用在宗教儀式上，也成為一般百姓當作現代香粧品般的用途使用。其後，西方文化開始大量採用香料，一開始主要由各個時代的王公貴族所愛用，一路發展開來。在香料的歷史中化學扮演了重要的角色。為了能隨心所欲地調製香料，必須使用乙醇，蒸餾乙醇的技術在發展香料產業上佔有重要的一席之地。此外，進入十九世紀後大幅進步的有機化學更拓展了香料的世界，過去只有王公貴族等部份富裕階層才能享用的香水也拓展市場，成為滿足更多人、讓生活更為充實的產品。直到今天，在我們生活的許多場景中，香氣成為一種重要的展現，為我們的生活粧點得更豐富。

第2章

大自然提供的各種香氣

我們常見的許多芳香氣味取自大自然。而且不論是過去或現在，大部分的芳香「氣味」都仰賴植物提供。取自動物的「香氣」只有四種。這些取自大自然的「香氣」不少是以插花或乾燥花的形式直接使用，但是也有為了擴大「香氣」的使用用途，必須將「香氣」萃取出來使用。

2-1 從植物提煉香氣

本節將以稱得上是芳香植物代名詞薰衣草（**圖2－1**）這種日常生活中最常見的植物為中心討論。薰衣草不僅在紫色的花朵部份，包括葉片、莖都含有「香氣」的成份。植物與動物所含的成份可分成兩大類。一種是可溶於水的成份，另一種是無法溶於水的成份。大部分不溶於水的成份可溶於油，因此以下也可將這類成份稱作「可溶於油成份」。由於大部分的「香氣」成份屬於「可溶於油」的成份，因此再從薰衣草中取出「香氣」成份時，就以這種「可溶於油」的成份為主。「可溶於油」的成份絕不是油，但一般都將之稱作「精油」。英文稱為「Essential oil」，所以也是使用油（oil）這樣的辭彙。市面上販售的薰衣草精油（也可直接稱薰衣草油）是淡黃色液體。薰衣草油滴在水中時會浮在水面上，看起來確實像油滴。在以下的說明當中，我將稱這種有香氣的精油稱為芳香精油（Aroma Oil）。

從薰衣草或其他植物中取出其所含的香氣成份，在化學或藥學的世界裡是非常重要的技術。以下將介紹其中幾種技術。這些技術都應用了化學教科書裡教的法則。

圖2-1 英國薰衣草（English lavender）

源自釀酒的「水蒸氣蒸餾法」

首先介紹利用蒸餾的方法。蒸餾法是從幾種混合在一起的液狀化合物中，分離出其中單一純化合物的方法。蒸餾法最早用於酒，尤其是蒸餾酒的製造上。古代的人們為了製造更烈的酒，於是發明了蒸餾法。所謂更烈的酒是指乙醇（Ethyl alcohol）（**圖2－2**）含量較高

(1)　　　　(2)

圖2-2 乙醇
將分子內所有的原子都標示出來所化學構造如(1)所示，結構非常複雜。因此一般會縮寫成(2)的化學式。在這個化學式中，與線末端交會處存在碳原子（C）。(2)的式子只標出與氫氧基（-OH）等非碳原子結合的氫原子（H），與碳原子結合的所有氫原子則省略。

的酒，因此這裡的蒸餾是提高乙醇濃度的方法。記錄顯示，埃及從紀元前一三〇〇年就開始利用椰棗製造蒸餾酒。

也有記錄顯示歐洲從以前就開始進行蒸餾（**圖2—3**）。目前在實驗室使用的簡單蒸餾裝置如**圖2—4**所示。蒸餾時，將以水果或穀物發酵的液體，也就是釀造酒放入釀造裝置中的玻璃燒瓶。釀造酒的主要成份是水，發酵所產生的乙醇含量第二多，但是也包括豐富的水果或穀物的成份，當然其中也包含豐富的香氣成份。當燒瓶被加熱，所含的成份就會變成氣體。氣體在裝置中會上升，流向右邊的筒狀玻璃管（冷卻管）內，這個部份有冷水流過，因此氣體就會受到冷卻變成液體。液體變成氣體的溫度稱作沸點，乙醇的沸點為七八．三℃，比水的沸點一〇〇℃還低，因此將燒瓶加熱時乙醇會比水更早變成氣體。觀察燒瓶上方的溫度計，可看到當溫度到達七八．三℃時冷卻管中流動的乙醇會變成氣體。只要冷卻管充分降溫，乙醇氣體就會立即凝集成液滴，液體會聚積在裝置右下方的燒瓶中。在較水沸點更低的溫度下得到的液體成份大部分是乙醇，這時候就能製造出乙醇濃度比原來釀酒高的酒，也就是蒸餾酒。

這些流程就是蒸餾。蒸餾作業反覆進行時，乙醇濃度會隨之升高，即可蒸餾出烈酒，但是乙醇與水的混合溶液具有共沸的性質，因此利用蒸餾方式濃縮乙醇時最高只能濃縮到百分之九十六，濃度無法升得更高。釀造酒的原料也存在沸點比乙醇更低的化合物，這些化合物也會隨著一起蒸餾，成為釀造酒的風味來源。因此所謂的蒸餾酒決不是只有乙醇而已，使用的原料也會大幅左右酒的風味。

若使用一般的蒸餾裝置從薰衣草的花或葉片這類非液體的原料中萃取香氣時，會出現什麼情形？首先須將葉片、花放入**圖2－4**左側的燒瓶中加熱。葉片與花都含有水分，但水分含量不高，因此可以想像，只要略微加熱，葉片與花多就會燒焦。甚至最後勢必會燃燒。在燒焦的過程當中香氣成份也會被分解出來。因此無法直接沿用一般的蒸餾裝置。水蒸氣蒸餾

圖 2-3 歐洲過去進行蒸餾的情形

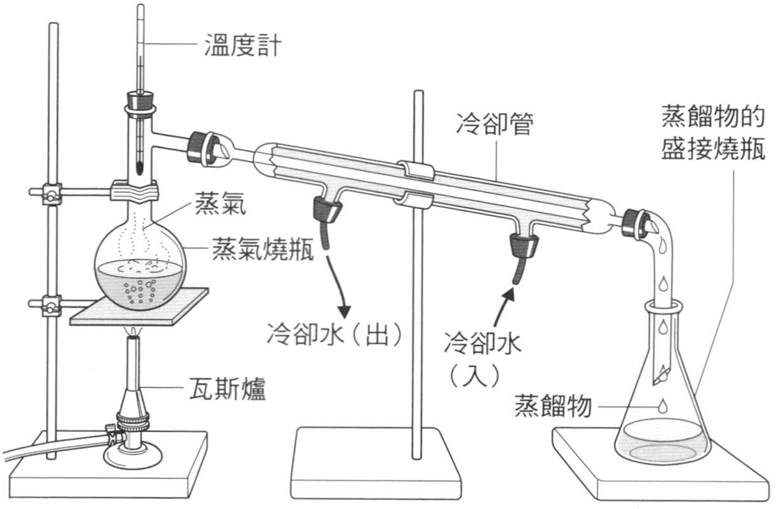

圖 2-4 現代的蒸餾裝置

法就是解決這個問題的解方。

在歐洲，自古以來煉金師為了追尋不死不老的藥物（靈藥：長生不老藥，elixir），曾經做過各種嘗試。其中包括從植物中尋找各種具有藥效的成份。相信很多人在電影中都看過巫婆在鍋子裡熬煮奇怪藥草的場景。事實上，因為這些煉藥活動，人類在偶然間發現了各種事情，發明了道具，也促進了後續近代科學的發展。生活在第十世紀到第十一世紀的阿拉伯的阿維森那（Avicenna）（一般簡稱伊本・西那）就是推動煉金術發展成為科學的推手之一。據說水蒸氣蒸餾法就是由這位阿維森那所確立。有一說是當時阿維森那利用水蒸氣蒸餾，從玫瑰花裡萃取出玫瑰香氣成份的芳香精油。這件事情的歷史考證真實性有多高雖然沒有定論，但是可確定的是從中世起人類就開始使用水蒸氣蒸餾的方法。

到底什麼是水蒸氣蒸餾？**圖2－5**為水蒸氣蒸餾裝置的一例。它的基本原理與蒸餾相同，但是最大的差異就在盛裝試料的容器（I）。這個容器的底部裝水，容器上方有個蒸籠，薰衣草的花、葉與莖就裝在這個蒸籠中。隔著蒸籠，試料與水就不會直接接觸。剩下的部份與蒸餾裝置相同。蒸餾時，加熱容器（I），讓水沸騰產生水蒸氣。利用約一〇〇℃的水蒸氣蒸薰衣草時，薰衣草所含的香氣成份分子就會汽化。薰衣草所含的主要香氣分子為乙

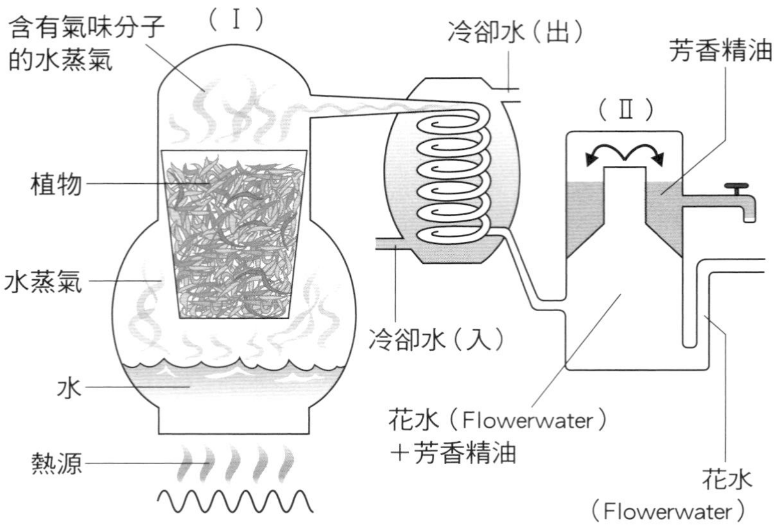

圖2-5 水蒸氣蒸餾的裝置

酸沉香酯（Linalyl acetate）（**圖2-6**）。因此水蒸氣一蒸，乙酸沉香酯就會從薰衣草的植物體內汽化出來。汽化的乙酸沉香酯氣體進入冷氣管遇冷以後，在冷卻管中變成液體，聚積在容器（II）中。薰衣草含有各種分子，所以實際蒸餾時不只乙酸沉香酯，其他各種的分子也會被蒸餾出來，成為液體的一部份，聚積在容器（II）中。凡是以水蒸氣蒸餾方式餾出的分子，即使不屬於氣味分子也會被一起蒸餾出來，因此在容器（II）中也包含了這類分子。植物所含的香氣成份中有些分子不耐熱。水蒸氣蒸餾的溫度絕對不會超過一〇〇℃，因此這類不耐熱的分子也能完整保留一起餾出，這是水蒸氣蒸餾法的優點。

先前提到的乙酸沉香酯（Linalyl acetate）的分子比乙醇還大（分子量較大）。分子是由多個原子構成，各個原子有其重量（原子量）。氧（O）與氫（H）原子的原子量分別是一六與一，因此水分子（H_2O）的分子量（重量）為一八。

一般來說，分子量越大的分子重量也越重，也不容易變成氣體。也就是說，分子量愈大沸點也愈高。乙酸沉香酯的分子量為一九六，沸點為二二〇℃，相對地乙醇的分子量為四六，沸點七八・三℃。水的沸點只有一〇〇℃，為什麼乙酸沉香酯在水蒸氣蒸餾中會變成氣體，而且還可以以液體的形態收集？其實這就是水蒸氣蒸餾最大的優點。

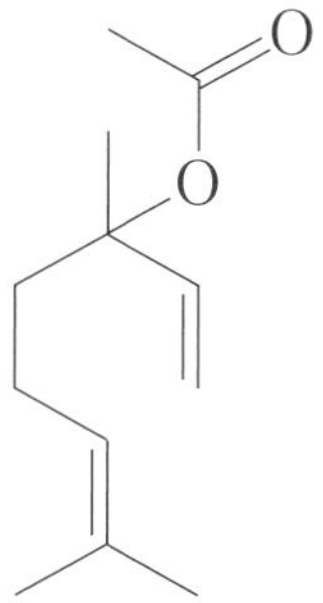

圖2-6 乙酸沉香酯（Linalyl acetate）

高中化學課本裡有一個道爾頓分壓定律（Dalton's law）。根據這個定律，當A與B兩種氣體同時存在時，不同的氣體分子間不會結合，混合時也相互獨立存在。由於氫分子與氮分子不會產生化學反應，這樣的氣體就符合道耳頓分壓定律的原則。當A氣體的壓力為P_A，B氣體的壓力為P_B時，A與B的混合器體的壓力P就是P_A+P_B。混合氣體中各個氣體的壓力稱作分壓。所謂的道耳頓分壓定律就是「混合氣體的總壓力為其組成之各氣體分壓的總和」。這個法則的成立有一項重要條件，也就是兩種氣體即使混合在一起也不會反應，分子維持分開獨立存在的狀態。大部分的氣味分子具有不溶於水（如油一般）的性質，即使變成氣體，氣味分子也不會與水分子相溶，完全符合道爾頓分壓定律。不易溶於水的分子也稱作疏水性分子。

薰衣草所含的氣味成份是以液體的狀態存在植物體內。遇到高溫的水蒸氣（所謂高溫也是低於一〇〇℃）時，植物體內的這些成份就變成氣體，揮發到容器（I）中。話說氣味分子變成了氣體又是什麼樣的狀況呢？**圖2－5**所示的裝置並非密閉裝置，因此容器（I）內的壓力不會大於大氣壓（七六〇mmHg）。簡化地解釋，假設薰衣草中只含有水和乙酸沉香酯兩種成份，這時候A就是水，B是乙酸沉香酯。將A、B的混合溶液加熱，當P_A+P_B的壓力到達大氣壓時，水與乙酸沉香酯同時沸騰，從液體變成氣體。

所有的液體多少都存在揮發成為氣態的趨勢，可變成氣體的程度稱作蒸氣壓。當然蒸氣壓會隨著溫度改變，溫度愈高蒸氣壓也愈高。水分子在一〇〇℃時的蒸氣壓為七六〇mmHg（大氣壓），但是在〇℃時蒸氣壓則為四．五八mmHg，在零下五℃時為三．〇四mmHg。乙酸沉香酯在二十五℃時蒸氣壓極低只有〇・一mmHg，但是在九十九・六℃時則為一二mmHg。在九十九・六℃環境下水的蒸氣壓為七四八mmHg，加上乙酸沉香酯的蒸氣壓後，大氣壓剛好是七六〇mmHg，所以乙酸沉香酯在到達此溫度時會變成氣體。換句話說，在沒有水存在的狀態下，乙酸沉香酯必須到達二〇〇℃才會汽化，但是採用水蒸氣蒸餾方式時，乙酸沉香酯就能在低於水的沸點溫度九十九・六℃時蒸發。

利用這種水蒸氣蒸餾法，即使沸點為三〇〇℃的分子也可在一〇〇℃以下的環境揮發成氣體。不須加熱到一〇〇℃這件事連帶產生了節能的另一項優點。混合蒸氣中兩種成份的重量比等於各成份分壓乘以分子量的積的比。乙酸沉香酯的分子量為一九六・二九，因此水與乙酸沉香酯的重量比為一八・〇二乘以七四八比一九六・二九乘以一二等於五・七二比一，約為百分之十五。在現實中，乙酸沉香酯會略微溶於水中，以及蒸氣未必在理想氣體的狀態，所以實際可萃取得到的量會略微減少。

水蒸氣蒸餾是一種相對容易實施的方法，因此至今仍然是從植物體萃取香氣成份最常用的方法。目前約有九成的植物香氣成份都採用水蒸氣蒸餾的方式萃取，在量產生產線上所使用的薰衣草香氣成份的萃取裝置（**圖2－7**），與前文介紹的原理完全相同。

圖2-7 在工業生產上，萃取植物芳香精油的量產裝置（照片提供：富田農場）

植物中所含的主要香氣成份雖然不溶於水，但是也含有溶於水的成份，因此聚積在**圖2-5**容器（II）中的水溶液也含有香氣成份。一般稱此水溶液為花水（Flower Water，芳香蒸餾水），也會有效地加以運用。其中最有代表性的是玫瑰水，除用來製造化粧水外，會用在各種用途上。由於玫瑰水帶有一股淡淡的（高雅的）玫瑰香氣，不少人喜歡玫瑰花水更甚於玫瑰香水。

「萃取法」保護不耐熱的香氣

水蒸氣蒸餾法是極為好用的方法，但是畢竟會加熱到一○○℃，還是有熱的問題。有一些香氣成份不耐熱，遇到水蒸氣蒸餾法的溫度甚至立即分解。此外，不同的成份可能產生化學反應（聚合），這時候就不能使用水蒸氣蒸餾法，必須採用其他方法萃取香氣，也就是萃取法，這個方法是將香氣成份溶入各種媒體中進行萃取，而且按照所使用的溶媒可分為兩大類。

①有機溶媒法

有機溶媒法是目前最重要的萃取方法。常見的高麗人蔘等藥用植物，就是浸泡在酒精中，將溶於乙醇的藥用成份拿來飲用。在浸泡作業中須將成份長時間慢慢地浸泡在酒精中，等候有效成份緩慢地滲出。但是植物體水分含量豐富，以乙醇萃取時無法加快腳步迅速萃取。但是有很多香氣成份必須在短時間內完成萃取，否則成份會變質。因此很少萃取作業採用乙醇作為溶媒。但在萃取香草豆莢中的香草香氣時，就會使用乙醇，屬例外狀況。

常用的有機溶媒有石油醚、丙酮、己烷以及乙酸乙酯。另外也會使用前述溶媒的混合溶媒。石油醚望文生義，就是來自石油的低沸點（在六〇℃以下汽化）分子的混合物。名稱中雖有「醚」這個字，但實際上不含醚，主要成份為正戊烷，另外也含有異戊烷、己烷等。石油醚與己烷都是只含碳原子與氫原子的碳化氫（**圖2－8**）。由這類元素組成的分子大多不溶於水，屬疏水性分子。丙酮與乙酸乙酯都含有氧原子，因此可作為親水性或己烷等疏水性成份的溶媒（可混合）。具有這種性質的分子稱作「兩親媒分子」。在比較早期出版的書籍

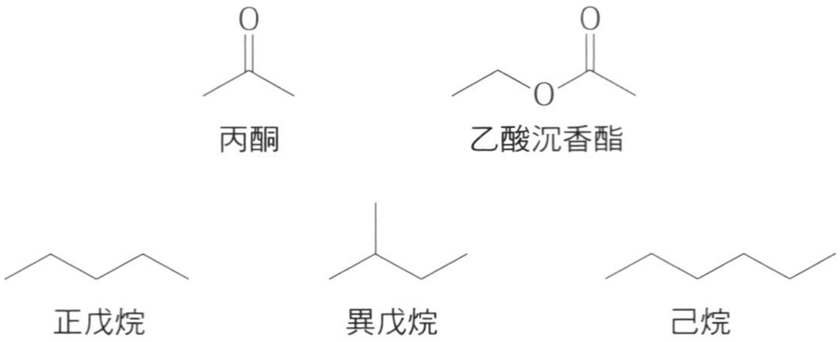

圖2-8 常用於萃取法的代表性有機溶媒分子

中，記載有溶媒萃取時使用苯作為溶媒，但是苯具有致癌性，現在已經受到嚴格管制，不再用來作為芳香成份的萃取溶媒使用。

植物經乾燥、粉碎後，浸泡在前述的有機溶媒中，芳香成份就會溶出到有機溶媒裡。依照萃取之芳香成份選擇適合的溶媒，可提高萃取的效率。在實驗室裡進行溶媒萃取時，使用名為索氏抽提器（Soxhlet extractor）（**圖2－9**）的裝置。工業量產時所使用的設備基本原理也相同。首先將溶媒裝在最下方的燒瓶中，加熱此燒瓶。一般常用的溶媒皆屬可燃性溶媒，所以不能直接以瓦斯爐，須以電熱加熱包（Mantle heater）加熱。經粉碎的植物體裝到電熱加熱包上的玻璃管內。受電熱加熱包加熱的溶媒蒸氣經過右側的管子往上升。蒸氣在位於裝置上方的冷卻管內冷卻變成液態，聚積在植物體所在的部位，植物體所含的香氣成份於是溶在溶媒中。含有香氣成份的溶媒的量逐漸增加後，會上升到左側的虹吸管中。當虹吸管內的液體到達一定高度時，溶有香氣成份的溶媒就會落到下方的燒瓶內。這時候溶媒會再度從燒瓶中揮發。這個步驟在反覆持續一定時間後，下方燒瓶內的香氣成份濃度會逐漸升高。當濃度到達極限無法繼續升高時，即完成萃取作業。

這套方法不僅適用在植物體，也適用於各種物質。過去許多萃取自自然界的成份經常使用這套方法，在醫藥品的發現上貢獻良多。一般來說，溶解在有機溶媒狀態下的香氣成份無法用在香水製造上，必須將燒瓶中濃縮溶液所含的有機溶媒揮發掉。這個步驟稱作乾燥。乾燥後的物質有的呈蠟狀固體，有的則是高黏度物質。前者稱作凝香體（concrete），後者稱作香樹脂（Resinoid）。同時，凝香體（concrete）重新溶解於乙醇後的物質

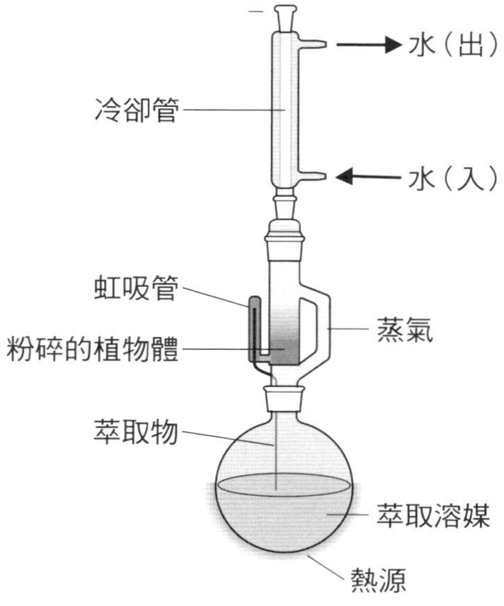

圖2-9 索氏抽提器（Soxhlet extractor）

稱作純香（Absolute）。以溶媒萃取法從玫瑰花萃取出來的玫瑰花純香（Rose Absolute）呈美麗清澄的紅色，帶有甘甜濃烈的香氣。相對地，以水蒸氣蒸餾得到的玫瑰花香氣稱作玫瑰精油（Rose Otto），無色，香氣優雅清爽。水蒸氣蒸餾使用的花瓣量遠比純香（Absolute）多，因此價格極為昂貴。但是由於不使用溶媒，所以清爽對皮膚的刺激性也比較低，帶有清澈高雅的香氣。

②超臨界流體萃取法

利用有機溶媒的方法為了讓溶媒揮發掉，難免多少必須加熱，但是超臨界流體萃取法就能避免熱導致物質變性發生。在國中物理中我們學習過物質的三態，說明任何物質都具備氣體、液體與固體三種狀態，而溫度與壓力決定物質處於三態的何種狀態。地球暖化的元兇、備受詬病的二氧化碳在日本的氣候環境中是以氣態存在。從商店買蛋糕回家時，擺在蛋糕盒中的乾冰市二氧化態的固態。固體的二氧化碳在常溫、常壓下不穩定，被周圍奪走能量（熱）以後就會逐漸變成氣體。液態的二氧化碳在一般的日常生活中則沒什麼機會見到。

圖2－10為二氧化碳的三態。橫軸所示的是溫度，縱軸是壓力。二氧化碳在一氣壓，常

溫的範圍內為氣體。在溫度三十一℃、壓力七十二．九氣壓的點的右側（也就是溫度與壓力升高的狀態下）二氧化碳就呈現既非氣體也非液體，兼具兩者性質的狀態。這個交界點就稱作臨界點。超過臨界點的狀態，也就是右上的領域稱作超臨界狀態。在談到核子反應爐時經常會出現「臨界狀態」這個詞，但與此處所謂的「臨界狀態」是兩回事。在超臨界狀態下，

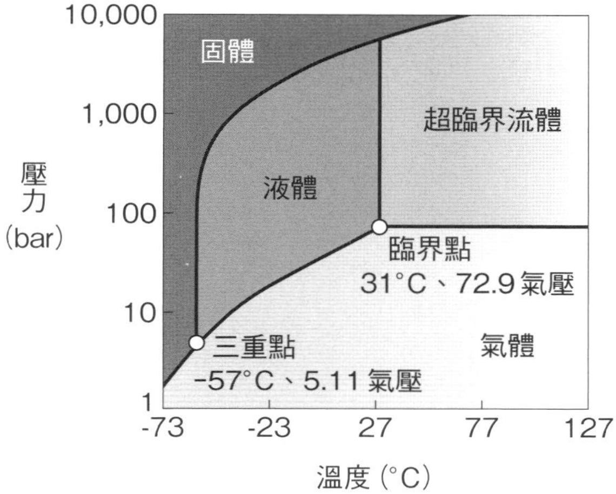

圖 2-10 二氧化碳的三態圖

物質處於既非液態也非氣態的特殊狀態，這種狀態稱作超臨界流體。二氧化碳的超臨界流體有一個重要的性質，就是可輕易將物質溶解。因為超臨界流體的二氧化碳其分子與分子的距離變長，其間便可納入其他的分子。一旦溶解了其他物質後，只需降低溫度與壓力，即可讓二氧化碳從超臨界狀態轉為氣體，因此不會有溶媒殘留，與溶媒萃取的狀況不同。

以溶媒萃取時，有機溶媒多多少少都會洩漏到空氣中，但是換成二氧化碳就沒有這類危險。

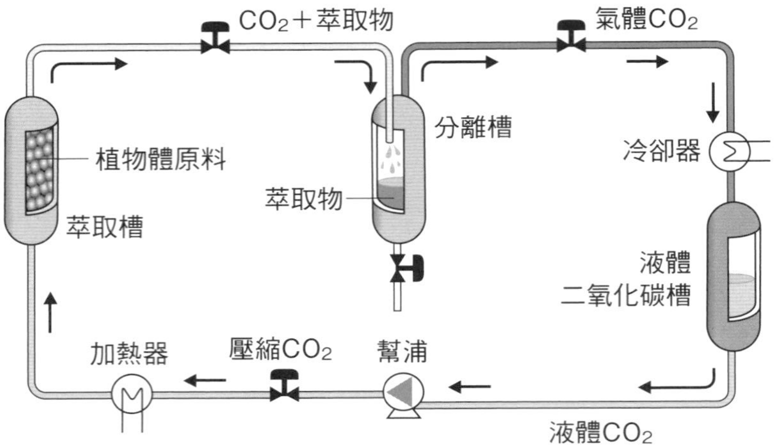

圖2-11 使用二氧化碳的超臨界流體萃取模式

汽化的二氧化碳回收以後還可用於下一次的萃取，所以萃取作業不會對地球暖化造成不良影響。而且最關鍵的是可在低溫作業處理，即可在不損傷大部分植物體所含香氣進行萃取。這種方法的優點是萃取中不太接觸氧氣，即使屬於易氧化的成份也能直接萃取。分子量大的香氣成份或水溶性成份無法以水蒸氣蒸餾，因此使用二氧化碳就可萃取這類成份，可用於萃取大部分的植物成份。前面也說明過，即使是同一種植物，但是不同的萃取方法所得的香氣成份多少不同，所以香氣的性格也不一樣。

超臨界流體萃取法有眾多優點，但是最大的缺點是這種方法須經過冷卻與加壓，設備規模龐大，價格高昂，所以產品的價格也隨著高漲。除了二氧化碳的超臨界流體外，也可使用丙烷或丁烷等的分子。使用二氧化碳的裝置概念圖如**圖2－11**所示。原料的植物體首先放入左側的萃取槽中，然後加溫右側裝著二氧化碳液體的槽，加壓將壓力送入槽中。變成超臨界流體狀態的二氧化碳會將植物成份溶解，將此含植物成份的二氧化碳溶液輸送到分離槽中。在分離槽內的二氧化碳經過汽化即可回收，液化以後可重複使用。萃取的成份會累積在分離槽的底部。除了香氣的萃取外，二氧化碳萃取法也可用在啤酒花精華的萃取，或是去除咖啡豆所含咖啡因時使用。

最原始的香氣提煉法「壓榨法」

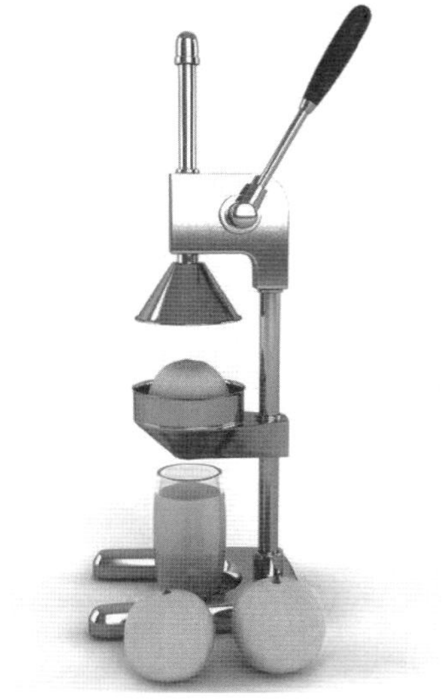

圖2-12 簡單的壓榨器

壓榨法是取出香氣成份最原始且最單純的方法。在擠壓柳橙皮時，可取得帶有強烈柳橙香氣的油狀液體。事實上柑橘植物的香氣成份就是以這種方法取得。**圖2－12**為家庭等搾柳橙果汁時所使用的器具，工業生產時所使用的裝置原理也與之一模一樣。

除了本節中所介紹的方法外，過去也曾經使用將香氣吸附在油脂的方法，不過這個方法目前已罕有人用。現在最常用的方法還是以水蒸氣蒸餾法為主。

不同部位，香氣也不一樣

許多植物都含有天然香料可供採取，但是含有香氣成份的植物部位因植物種類而異（**表2－1**）。有些植物可從不同部位採到不同性質的成份，例如苦橙（Bitter orange），從花可採取橙花油（Neroli oil）與橙花水（Orange flower water），從葉片

表2-1 從植物各部位取出的香氣成份

部位	植物
花朵	玫瑰、茉莉花、依蘭
種子、果實	柳橙、檸檬、佛手柑
豆子	香草、零陵香豆（東加豆）
整株	薰衣草、天竺葵、薄荷、鼠尾草、百里香
葉片	尤加利、廣藿香（Patchouli）、檸檬草
種子	西洋芹、茴香、肉荳蔻
根	岩蘭草（Vetiver）、當歸
根莖	鳶尾花（Iris）、薑
樹幹	檀香木、杉木（Cedar）、樟樹（Camphor）
樹皮	肉桂
樹脂	安息香（Benzoin）、秘魯香脂（Peru Balsam）、白松香（Galbanum）、沒藥（Myrrh）、乳香

圖2-13 柳橙的花
（照片提供：veoapartment.com）

可採取苦橙葉油（petitgrain），從果皮可採取與植物同名的苦橙芳香精油。苦橙是一種不用於食用的酸味柳橙，日本的酸橙（Citrus aurantium）也屬同類。橙花油是透過水蒸氣蒸餾的方式、橙花水（純香）是以溶媒方式萃取所得。相對地，苦橙芳香精油是以壓榨法萃取。橙花水是一種褐色的高黏度液體，具有強烈濃厚柳橙花香，且香味持久。橙花油是近乎無色的清澈液體，同樣具有橙花的香味。橙花油是最早被用來製造古龍水（eau de Cologne）的花朵香氣成份（植物芳香精油）。苦橙帶有彷彿柑橘醬般的濃郁甘甜氣味，同時又具備柳橙獨特的苦味。在此同時，柳橙的果實帶有所謂的橙色，但是柳橙花是白色（**圖2－13**）。來自果實與花朵的香氣除了顏色不同外，柳橙花的氣味也給人異於果實的香氣。

2-2 取自動物的珍貴香氣

我們大致可想像植物可採取香氣的部位，但是卻很難想像動物的香氣來自何處。事實上，只有四種動物身上可採取香料，這四種動物是抹香鯨、麝鹿、海狸、麝香貓（小靈貓）。

從抹香鯨身上採集的龍涎香（Ambergris，**圖2－14**）是抹香精腸內的結石，應該是因未被消化的食物所形成的結石。抹香鯨腸道內形成的結石被排出鯨魚體外後，經常在歷經長時間的海上漂流後被浪拍打上岸。由於龍涎香難得一見，因此是一種珍貴的香料。龍涎香也能直接從抹香鯨身上取得，但是商業捕鯨已經被禁止，所以現在只能偶爾發現，無法直接取得。自古以來龍涎香就是一種昂貴珍奇的香料，現今的新聞中仍然可見有人在海邊偶然撿拾到浮石般的龍涎香，獲得意外之財的故事。龍涎香的氣味可能可以「一種揉合了海洋與動物氣味的甘甜香氣」來形容。日本的香料龍頭高砂香料工業株式會社的高砂典藏藝廊（Takasago Collection Gallery）中，就展示有驚人的龍涎香，如果願意還可聞聞看龍涎香的

圖2-14 龍涎香（照片提供：Ambergn's NZ Ltd）

圖2-15 麝鹿（照片提供：alamy/PPS）

氣味。龍涎香利用乙醇萃取使用。以乙醇為溶劑的提取物稱作酊劑（Tinctures）（譯註：以乙醇爲溶劑的植物或動物材料的萃取物）。順帶一提，目前已經停用的傷口消毒劑碘酊屬於水溶劑，不是真正的酊劑（Tinctures）。龍涎香除了本身具有芬芳的氣味外，還能讓其他香氣持久，具有保香的作用，因此過去一直被用於高級香水上。

雄的麝鹿（**圖2－15**）的腹部有一個叫做香囊（麝香腺）的分泌腺，該部位的分泌液體經過乾燥後再以乙醇萃取得到的就是麝香。麝鹿的數量原本就不多，因為麝香更遭到濫捕導致麝鹿瀕臨絕種，所以現在很難取得來自天然麝鹿的麝香。很多人形容麝香的香味是「甜甜蓬鬆」的氣味。而且麝香也是很好的保香劑，常被用來調配高級香水。近來愈來愈多人以英文的musk稱呼麝香。

不論雌雄海狸，在牠們的肛門附近有一個香囊，從這裡會分泌帶有濃烈臭氣（與其說香氣更接近臭氣）的黃河色乳霜狀分泌物。此分泌物經過乾燥後，所得到的粉末就是取自海狸的海狸香（Castoreum）。海狸就是利用這個氣味標示地盤。海狸香也是將海狸分泌物的粉末溶於乙醇中當作酊劑使用，或者以有機溶媒萃取成樹脂狀物質（resinoid）後，以乙醇萃取成純香（absolute）使用。海狸香在古老歐洲曾經被當作治療頭痛、發燒、歇斯底里的治療藥，但是其藥效未經醫學確認。海狸香原則上會飄散彷如皮革的氣味，有些時候因為產地的關係，也會帶著樹木的香氣。但是海狸香經過酒精稀釋後會轉變成類麝香的果香氣味。此外，海狸香本身帶有香草般的香氣，同時也能凸顯樹莓或草莓的香氣，所以從前的甜點等食品中會添加海狸香。當然也用於香水的調製上（例如香奈兒〔Channel〕的Antaeus）。海狸也因為濫捕一度瀕臨絕種。只為了取得香囊去殺死如此可愛的動物，這種行為和香水帶給人平和的氣氛，撫慰人心的商品形象十分違和。幸好今日大部份的海狸香已經使用化學合成的方式取代。

最後介紹麝香貓。雖然名中有貓，但麝香貓並非貓科動物，而是一種屬於麝香貓科的動物。麝香貓的生殖器官附近有香囊（會陰腺），會分泌黃白色的膏狀分泌物。此分泌液當作香料食，須以乙醇溶解後當作酊劑使用。這種香料稱作靈貓香（civet），濃度過高就會變成具有刺激性的惡臭，但經過稀釋則會變成舒適的香氣。與其他取自動物的香料相同，靈貓香也具有保香劑的作用，尤其能增添花香光亮與溫暖的感覺，更加凸顯出香氣的特色。因此，很多香水中都會添加少許的靈貓香。不過同樣地，站在保護動物的觀點，靈貓香現在也被以合成化學方式合成製造的產品取代。香水的代名詞之一，在後文中會經常出現的「香奈兒五號（№5）」中也添加了靈貓香，在賦予玫瑰、鈴蘭、茉莉花以及鳶尾花厚重感上發揮了重要的功能。

第3章

身體感受香氣的機制

人類透過五感（視覺、聽覺、味覺、嗅覺以及觸覺）認識環境，採取行動。其中，味覺與嗅覺稱作化學感覺（chemical sense），因為這些感覺會因化學物質的種類與濃度改變。人類基本上仰賴視覺與聽覺察覺周遭環境的變化，所以談到身邊有關化學的環境或許會有幾分異樣感。對於生活在水中的生物而言，水中的化學環境對維持生命活動非常重要。因此感知化學物質的身體機制應該是原始本能的一部份。靈長類是哺乳動物中唯一能辨識色彩的動物。擁有如此超凡的感覺，讓人類減少對化學感覺的依賴，也逐漸遺忘在進化過程中，嗅覺對決定生存有多重要。

正因為我們忽略了嗅覺的重要性，所以對嗅覺的研究也大幅落後於對其他感官的研究。一直到二十世紀末，人類才終於站在現代的觀點展開對嗅覺的研究。接下來的介紹會出現一些較為艱澀的內容，但若能理解嗅覺的作用機制，對於理解香氣，以及如何在生活中運用香氣會有很大的幫助。

3-1 植入在細胞中的香氣感受器

我們的身體是由細胞（**圖3－1**）組合而成，感受氣味也是拜細胞之賜。細胞為了在細胞內高效率地執行生命活動所需的化學反應，在細胞內形成一個隔絕外界（水）的小小空間。因為化學反應時需要水的存在，所以在這個小空間（細胞質）裡充滿了水。為了隔絕細胞質與外部的世界，細胞中還有細胞膜，這個細胞膜還大分為三層的構造。細胞內與細胞外具有易溶於水（親水性）的分子構造，膜的中心則存在不易溶於水（親油性或疏水性）的分子結構。以上描述的是單一細胞內的結構，但是在我們身體內，細胞與細胞之間必須頻繁地相互聯絡。這樣的聯絡是基於為了有效執行複雜人體的功能，各個細胞各司其職，分

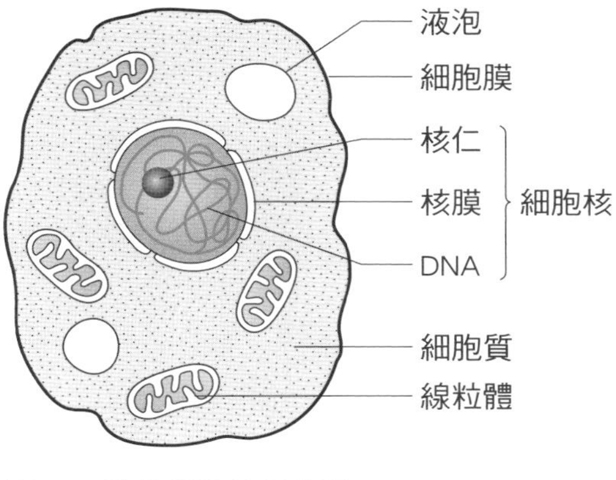

圖3-1 動物細胞的示意圖

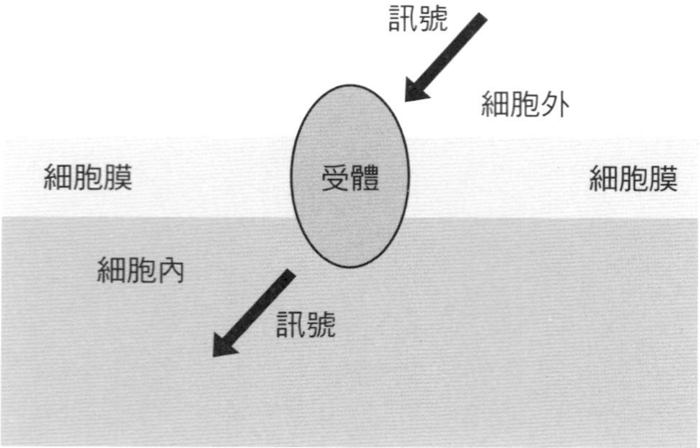

圖3-2 訊號透過受體移動

工合作。換句話說，人體中的細胞分化成好幾種，以適合擔任的功能。例如在血液中有白血球、紅血球與血小板等等不同種類的細胞，各自擔任不同的功能。為了讓多種細胞有效且正確地工作，在人體內各種訊號井然有序地傳遞著。這些訊號大多為化學物質（分子），運送訊號的分子稱作化學傳導物質。這些訊號也必須被傳導到細胞內部。

但是細胞就如**圖3－1**所示，有膜隔離細胞內外，化學傳導物質無法通過細胞的膜。這個問題可透過受體或稱受器（receptor）的蛋白質解決。如**圖3－2**所示，受體嵌在細胞膜內，受體的兩端一端連接膜外側，另一端連接膜的內側，透過這個機制，當化學傳導物質黏（結合）在細胞外側時，其訊號就能有效地傳遞給細胞膜內側的細胞質。細胞與細胞間資訊的存取非常重要，存取動作會實際影響到生命的活動，所以受體的功能極為重要。

嗅覺受體就是負責感受氣味分子，將氣味訊號傳遞到細胞內的受體。唯有嗅覺受體與氣味分子結合後，才會啟動我們身體感受、認知香味的一連串活動。嗅覺受體是一種蛋白質，正式名稱有些繞口，稱作G蛋白偶聯受體（G Protein-Coupled Receptors，縮寫成GPCR）。GPCR是與眾多藥物的作用息息相關的一群受體。啟動此受體運作，須仰賴一種名為G蛋白質的分子。**圖3－3A**所示的G蛋白質由α、β以及γ的部份（次單元＝sub unit）構成。沒有訊號傳來時，α、β與γ三個次單元合為一體，位於細胞質側的α次單元與小分子GDP（鳥苷二磷酸，Guanosine diphosphate）結合在一起。當傳導訊號的分子（這裡指的是氣味分子）與受體外側結合時，受體會略微變形。部份變形的受體會接觸到G蛋白質結合，這個接觸就會導致原本結合在一起的GDP脫落，由GTP（鳥苷三磷酸）（**圖3－3B**）取而代之與受體結合。受體結合GTP時，α次單元會與其他的次單元分離，移動細胞膜內部，與埋在細胞膜內的酵素腺苷酸環化酶（adenylate cyclase）結合（**圖3－3C**）。

講到細胞膜，細胞膜給人一種堅硬的印象，但是其實很柔軟。所以細胞膜上的蛋白質彼

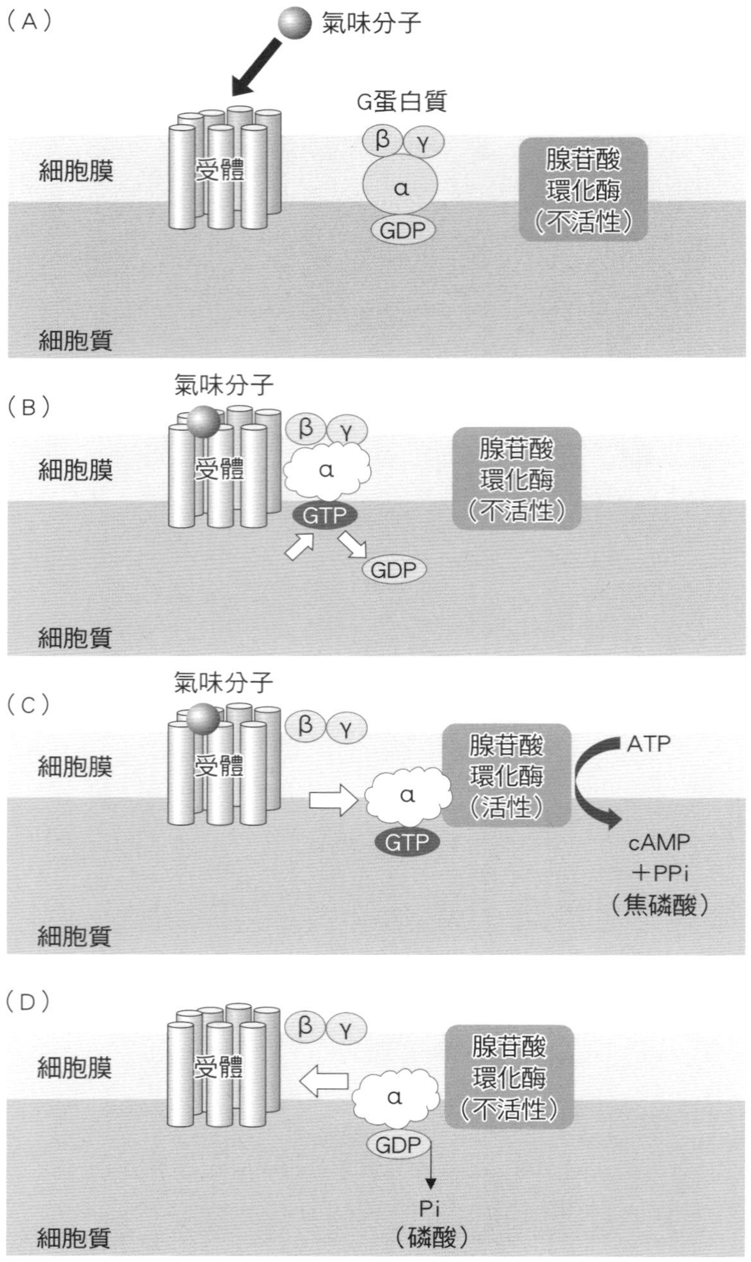

圖 3-3 受體將氣味訊號傳導到細胞內的機制

此可自由地交互作用。平常腺苷酸環化酶不具備酵素的功用，我們稱之為不活化狀態。但是腺苷酸環化酶一與G蛋白質的α次單元＋GTP結合，就開始產生酵素的作用，此時稱作活化，也就是酵素這個機器的開關被開啟了。酵素腺苷酸環化酶能將ATP（腺苷三磷酸）轉換成cAMP（環腺苷單磷酸）。所生成cAMP才是扮演傳導告知細胞內已經結合了「氣味分子」的成份。當氣味分子從受體上脫落時，原本與腺苷酸環化酶結合的α次單元以及GTP就會脫落，腺苷酸環化酶就會回到原來的不活性狀態。而且GTP上會有一個磷酸脫落，恢復到原來的GDP狀態（**圖3－3D**）。此外，α次單元＋GDP在與β／γ結合後，復原成G蛋白質（**圖3－3A**）。只要再有氣味分子與受體結合，就會重複發生前述反應。

細胞膜內有一種蛋白質能控制細胞內外的離子濃度。這種蛋白質的中心有孔，透過孔的開闔能讓特定的離子進出細胞的裡外。這種蛋白質稱作離子通道（Ion channel）。cAMP能對細胞內產生各種作用，其中之一就是開啟陽離子通道，主要是為了讓細胞外的鈣離子（Ca^{2+}）流入細胞裡面。當鈣離子流進細胞內，細胞裡的的陽離子濃度就高於平常，細胞內會變成帶正電的狀態。這個狀態稱作去極化（depolarization）狀態。流入細胞內的鈣離子不僅

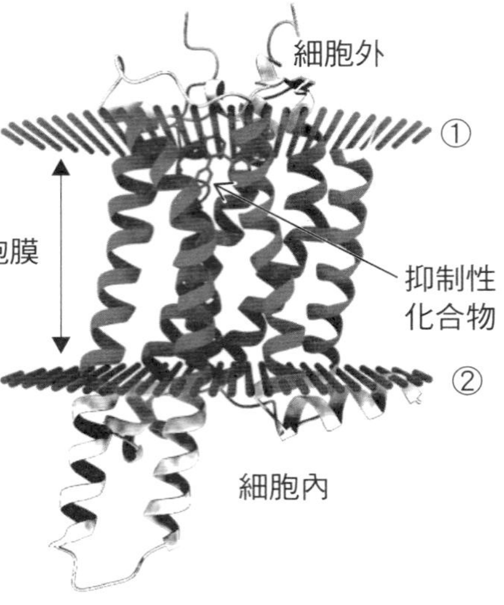

圖3-4 GPCR的立體結構例（腺苷（Adenosine A2A受體））

升高了細胞內帶正電的狀態，也會打開受鈣離子濃度控制開關的氯離子通道。這麼一來，原本存在細胞裡的氯離子（Cl^-）就會被吐出細胞外，升高去極化的狀態。換句話說，細胞膜的電位（動作電位）升高到達巔峰，變成電氣訊號。電氣訊號會傳遞到神經去，將聞到氣味的訊息傳遞給大腦。

遺憾的是，感受氣味的GPCR的立體結構在實驗室裡尚未解謎。GPCR中有一個是腺苷（Adenosine）的受體。腺苷透過腺苷受體能活化腺苷酸環化酶的活性，提高AMP濃度，抑制血小板凝集，是一種極為重要的作用。現在已經能透過X光結晶分析的方法，分析出腺苷受體的一種——腺苷A2A受體的立體構造（**圖3－4**）。

蛋白質是由二十種的氨基酸，以特定的排列方式組成，這個排列的結構不若繩子般的筆直延伸，而是呈現極為明確的立體構造。當立體構造鬆脫變形，蛋白質就會失去它的作用。在研究各種蛋白質立體構造時可以發現，大部分的蛋白質都呈現一種共通的立體結構。其中的一種就是被稱作α螺旋的立體結構，這種立體結構呈螺旋狀。α螺旋是蛋白質中常見的重要構造。GPCR的立體結構幾乎都是由α螺旋所構成。**圖3－4**顯示的是α螺旋如螺旋緞帶般的形態貫穿細胞膜的部份。另外，細胞膜的上下兩端分別以①與②的棒狀物表示。

GPCR有七條螺旋，在細胞膜上交錯七次橫切跨膜，擁有如此特徵性構造的受體稱作七次跨膜型受體。GPCR是七次跨膜型受體的其中一種，由於七次跨膜的關係，讓細胞膜內與膜外都存有突出部份，外側部份在捕捉氣味分子上扮演重要的角色，內側部份則具有發生訊號的重要功能。**圖3－4**的左上方有一個會結合在此受體上，阻礙（抑制）此受體作用的化合物存在。這類抑制性化合物可應用在帕金森氏症的治療上。

近來在無法透過實驗製造出蛋白質的立體構造時，可利用模擬的方式處理。人的嗅覺受體OR1也可透過模擬方式掌握其立體構造（**圖3－5**）。圖中所示是受體與薰衣草氣味分子芳樟醇（linalool）結合時的情形。氣味分子與嗅覺受體結合後，就會將其香味的訊號傳導到細胞內部。

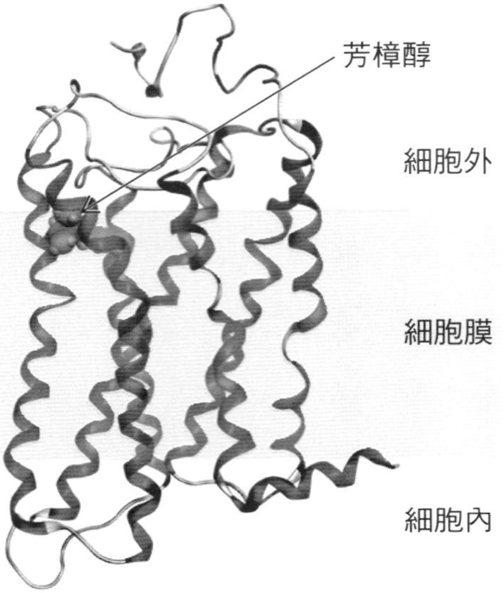

圖3-5 利用電腦模擬方式模擬出的人體氣味受體以及與受體結合的氣味分子（芳香醇）

美國杜克大學的羅伯特・萊夫科維茨（Robert Lefkowitz）教授與史丹佛大學的布萊恩・克比爾卡（Brian Kobilka）教授就曾經以GPCR的研究獲得了二〇一二年的諾貝爾化學獎。

3-2 身體感受香氣的機制

在前一節中，我們談到了埋在細胞內的嗅覺受體蛋白質GPCR是感受氣味的感測器。

這一節中要介紹我們如何透過鼻子感受氣味的全貌。**圖3－6**的左圖是人類鼻子的解剖圖。

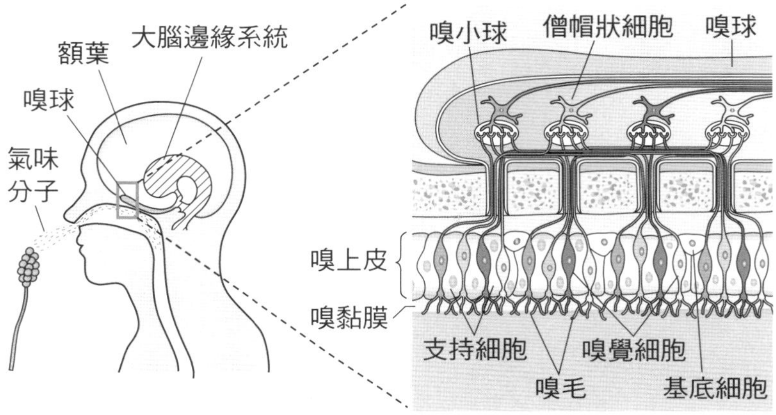

圖 3-6 感受氣味的身體機制

當鼻子吸入薰衣草的花香時，香氣會進入到位於鼻子深處上方的嗅上皮（olfactory epithelium）。嗅上皮上有大約一千萬個嗅覺細胞（嗅神經細胞）。嗅覺細胞之間分布著嗅腺（olfactory gland）（鮑氏腺＝Bowman's glands），會分泌黏液，氣味分子會溶於黏液當中，被嗅上皮捕捉。嗅覺細胞突出有多個嗅毛，朝鼻腔側延伸。前一節介紹的嗅覺受體就排列在這個嗅毛的表面上。從人類可以分辨許多不同氣味的狀況可以看出，嗅覺受體分為好幾種。

動物身上存在嗅覺受體的基因，這個基因會製造嗅覺受體的蛋白質。目前已知人類擁有八百二十一個嗅覺受體基因，其中實際發揮著嗅覺功能的基因有三百九十六個。在色彩的辨識上，人類的色彩判別受體只針對三原色，相對於色覺，人類擁有的嗅覺受體數非常龐大。但是在哺乳類動物當中，不是只有人類擁有龐大數量的嗅覺受體。連非洲像身上實際運作的受體基因就有一千九百四十八個。從這個數目也可感受到，嗅覺對動物而言是與生死休戚相關的感官。前面提過人類等的靈長類已經發展到偏重仰賴視覺，嗅覺的重要性降低。黑猩猩與紅毛星星的受體數目比人類還少，對嗅覺的依存度也較人類低。

有趣的是，一個嗅覺細胞只有一種的嗅覺受體。進入嗅上皮的氣味訊號（也就是「結合到氣味分子了」的訊號）會被傳導到位於嗅球中約一千對當中特定的神經細胞的小群體嗅小球（glomerulus）中。也就是說，擁有特定嗅覺受體的嗅覺細胞只會連接相對應的嗅小球，意即一種受體只會搭配一種嗅小球。實際上的結構更為複雜，但是這裡我們假設有四種受體存在，它的關係就會如**圖3－6**的右圖所示。在這個例子中，受體感受到的四種模式的訊號會集中到個別的嗅小球中，訊號經過複合處理後就讓大腦感受到氣味。

送達嗅小球的訊號後續還會被傳送到大腦的中樞，引發一連串的生物學反應。這個傳達中存在只有嗅覺才有的獨特傳導路徑。嗅覺以外的視覺、聽覺、味覺與觸覺訊號首先會被傳送到視丘（thalamus），經過這裡轉運進入大腦皮質的感覺中樞，大腦才產生感覺。換句話說，訊號在大腦新皮質（Neocortex）經過處理後，引發感覺發生。不過，嗅覺神經卻擁有兩條不同的路徑可將訊號送至大腦。

一條路徑與其他的感官同樣，是將訊號經過視丘轉運傳送到大腦新皮質處理的路線。另一條路徑則是將訊號直接傳導到距離嗅覺神經最近的大腦邊緣系統（Limbic System）的區域。大腦邊緣系統這個區域也被稱作大腦古皮質，負責處理記憶、學習以及喜怒哀樂的情緒。位於這個區域的海馬迴（hippocampus）與杏仁核（Amygdala），前者與記憶的形成有密切關係，後者與情緒控制有密切關係。傳達進來的訊號還會送到鄰近的下視丘（hypothalamus）以及腦下垂體。下視丘主管自律神經系統與免疫系統，腦下垂體則與荷爾蒙的分泌有關。

換句話說，在大腦分析嗅覺訊息以前原始腦的部份已經先感知，體內在沒有意識的情況下已經啟動了訊號的因應機制。所以在聞到氣味的瞬間，我們還沒想清楚那個氣味勾起的是什麼記憶前，某種情緒已經早一步湧出，這是嗅覺引發的獨特反應。前文中提過的嗅覺喚醒記憶的「普魯斯特效應」就是這麼一個例子。嗅覺引發反應的狀況通常對生物來說都是非常重要而緊急的狀況，所以身體才會有這一套機制因應。

3-3 人類的嗅覺可辨識幾種香氣？

換個話題先來談談鑰匙與鑰匙孔的故事。這裡所談的內容要先排除萬能鑰匙能開啟各種鎖的狀況。一般來說，一個鑰匙孔只能插入一支鑰匙，大部分的受體也具有同樣的特性。當我們身體的生命活動正常運作時，基本上一個受體只能接受一種分子啟動運作。對受體分子作用的分子稱作配體（ligand）。醫療上利用抑制受體作用以治療疾病時，可以人工方式模仿身體的配體分子，將之當作藥物，這就是分子醫學。由於許多疾病的發病都與GPCR有關，因此對於GPCR的研究在醫藥品的開發上極為重要。話雖如此，也只有極有限的分子能與受體結合，啟動受體的作用。這種特異性正是受體的一大特徵。

但是嗅覺受體的反應與前述一般所認知的受體不同。特定的一個氣味分子不一定只能與一種受體結合。而且一個受體常常能與多個氣味分子結合。**圖3－7**即是其示意圖。左側有A到H八個氣味分子。最上列有一到一〇的十個不同嗅覺受體。有「〇」記號處代表該氣味分子與受體可以結合。我們的大腦感覺到特定氣味分子的味道正是分子與這多種受體不斷產

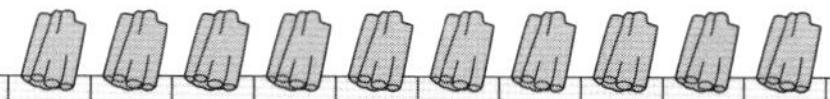

嗅覺受體	1	2	3	4	5	6	7	8	9	10	氣味的種類
A 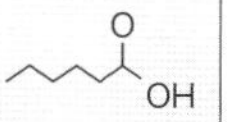					○						腐臭、酸臭
B 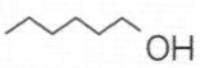		○				○					甘甜、香草氣味
C 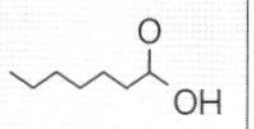	○			○	○		○			○	腐臭、酸臭、汗臭
D 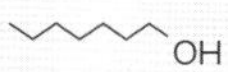		○			○	○					紫花地丁(Viola mandshurica)的香味、木材的氣味
E 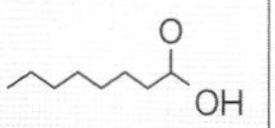	○			○	○		○	○		○	腐臭、酸臭、惡臭
F 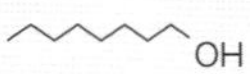				○	○		○			○	甘甜、柑橘的氣味
G 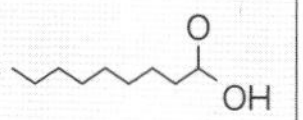	○			○	○		○	○		○	蠟的味道、起士味
H 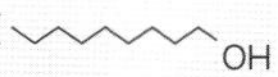				○	○		○			○	新鮮的氣味、玫瑰花香氣

圖3-7 與各種嗅覺受體結合的各種氣味分子

生交互作用的結果。交互作用以後，就會出現最右欄的各種氣味。而且多種氣味分子與特定受體的結合強度各不相同，所以實際組合出的種類更為多元。

推斷人類可以辨識幾百萬種顏色，還可以聽出五十萬種不同的聲音。另外各家說法雖異，但據說帶有氣味的分子高達四十萬種之多。假設嗅覺受體的種類接近四百種，如前所示，氣味分子—受體能產生各式各樣的組合，這麼一來人類到底有能力識別多少種氣味呢？面對這個提問，其實還沒有一個明確的答案。在二〇一四年以前，一般認為人類可辨識大約一萬種的氣味。但是洛克菲勒大學（Rockefeller University）與霍華休斯醫學研究所（Howard Hughes Medical Institute）的研究人員在二〇一四年三月二十一日在《科學》（*Science*）期刊上發表了一份驚人的論文，提到人類的嗅覺竟然可分辨超過一兆種的氣味。從事氣味研究或工作的人們對此數字大感驚異。不過也有許多研究人員提出反駁，例如亞利桑那大學（University of Arizona）的研究人員在二〇一五年主張，人類最多只能分辨五千種的氣味。這個數字甚至比二〇一四年以前所認為的種類還少。這些主張都只停留在理論階段，而非一一嗅聞辨味所得。這顯示我們對嗅覺的研究腳步較其他感官感覺大幅落後（仍然蒙著一層神祕的面紗），但是相對地，這也顯示嗅覺這種極為原始的感官其實是在極端複雜的機構下產生的結果。

第4章
香氣的描述方法

年齡到高中以上的人們應該對氣味已經有相當的經驗，對於何謂愉悅的香氣也應該有一定程度的共識。比方說，談到花清新宜人的香氣或水果熟成時的甘甜氣味，一般而言，眾人都能獲得同樣的認知。但是不像視覺、聽覺和味覺可以明確設定一個共通的認知基準，嗅覺很難設定標準，所以往往只能憑感覺表達感受。之所以不易設定基準，是因為眾人共同感受到的香氣的質感，很難將之定量化。若能以科學的手法將香氣定量地分類，我們就能客觀地判斷香氣，但是目前仍有難度。目前對嗅覺的相關正式科學研究，很遺憾的歷史仍然很短。很期待今後的科學發展能夠解決這個問題。目前我們只能透過對氣味質地的共識努力地表達對香氣的感受，所以有關香氣的語言表現就必須講究。在第四章裡要來談談語言如何傳達對香氣的感受。

4-1 描述香氣的語言

對嗅覺的語言表現不僅在日語中，在其他語言裡也難得見到太多的獨特表達辭彙。因為對人類來說，嗅覺是一種很原始的感覺，對於嗅覺都是出自本能、在瞬間裡反應，或許因此不需刻意有太多的語言表達。所以可見到許多有關嗅覺的表現辭彙，都是借用其他感覺器官的用詞。真正屬於嗅覺本身的辭彙大概只有這個氣味「好聞」、「不好聞」這個程度而已。當然講到氣味的強度還有「淡」或「濃」之類的形容詞，不過這樣的辭彙也不限定是嗅覺專用。

同屬化學性感受的味覺，與嗅覺之間關係密切，因此形容這兩者感受的辭彙關係也很緊密。談到味覺，味覺有五種基本感受——甜味、酸味、鹹味、苦味以及味道。這幾種基本味覺的辭彙「甜甜的」、「酸酸的」、「鹹鹹的」、「苦苦的」以及「美味的」也被用來表達對氣味的感受。除了五種基本味覺外，「澀澀的」、「辣辣的」這兩種味覺的形容詞也被用在表達氣味的感受上。

與嗅覺很接近的觸覺，其形容辭彙也有一些被借用來形容氣味。例如形容氣味很臭或很香時，會用「嗆鼻」形容氣味帶給我們的強烈感受。或者在表達氣味的強度感覺時，也會借用形容對皮膚刺激強度或感受的語彙。例如「像被銳利的東西刺到一樣」、「柔軟的」、「硬的」、「柔滑的」、「粗糙的」、「乾乾的」、「潮潮的」、「黏呼呼的」、「舒爽的」、

「沈重的」、「輕盈的」、「冷冽的」、「寒冷的」、「溫暖的」、「悶熱的」等等。

聽覺與嗅覺之間可能相關性少，所以借用聽覺的辭彙形容氣味的情形比較少見。話雖如此，形容讓人定下心來的香氣會以「沈靜」來形容，同時有好幾種氣味混雜帶給人紛擾不悅的感覺時也會以「紛擾吵雜」形容。

視覺在感覺上是與嗅覺最不相干的感官感覺，但形容視覺的辭彙卻被大量借用在形容氣味上。被借用的視覺辭彙基本上可分為色彩類與形狀類，有相當多與豐富色彩有關的辭彙被轉借使用。氣味分子很多從植物取得，因此一般聞到氣味就會連想到該種植物的花朵模樣，但也有不少人認為所有的氣味都會令人聯想起某種色調。例如綠色讓人連想到植物的葉子，新鮮的葉子還會讓人聯想到葉片特有青草腥味。另外，紅、橙、黃、白、紫、粉紅、藍、褐以及黑都能用來表現不同氣味的特徵。除了色相外，用來形容明度的「明」、「暗」，以及表達彩度的「鮮豔」、「暗沉」、「朦朧」等等也都能套用在形容氣味上。在形狀方面，一些讓人聯想到觸覺的用詞，例如「圓潤的」、「扁平的」、「蓬鬆的」、「尖銳的」也會用在表達特定氣味上。

有一些形容詞的表現包含了大腦資訊處理的過程，而非感官直覺性的感受，因此有時在言語表達中使用時，說話者與聽話者對相同的一個狀況很難得到相同的認知。當我們在描述氣味時，描述的並非因為接受到物理性或化學性刺激後的感受，反而比較接近因為氣味所產生的情感上、或心像（Mental image）上的感覺。當我們聞到香氣讓情緒沈靜下來時，會有「心情平衡了」、「情緒和諧」、「安心」、「冷靜下來了」、「情緒穩定」、「沈穩的心情」等等的說法。當香味帶來能量時，會有例如「情緒高昂」、「心情飛揚」、「很興奮」、「慾望高漲」的表現。另外，還有一些表達香氣格調的形容詞，例如「質樸的」、「高級」、「優雅」、「高尚」、「高貴」等的表現。除此之外，「很乾淨的香氣」或「很細緻的香氣」這類形容也能讓人與人之間對某中香氣的形象產生共識。在化妝品、香水等的形象傳達上經常會使用到這類的表現，大部分人也能都接受這類的表現方式。

4-2 氣味質地的表現

在成功表達氣味質地上，最腳踏實地的方法就是也與極相似的氣味來類比。換句話說，用「類似～的氣味」來傳達氣味的特質。為方便這類的表達，常見的氣味被分成六大類型。最早嘗試將氣味分類的是紀元前的希臘哲學家亞里斯多德。他將氣味（不光只香氣）分成六類，「刺鼻」、「甘甜」、「苦」、「澀」、「風味十足的味道」以及「惡臭」。

一般在談到氣味時會做如下的分類以及形容。只要掌握一種各類型代表性芳香精油的氣味，就能類推該類型的其他香氣。稍微熟練以後就容易與他人對氣味產生共同的想像。就像其他領域的事物一樣，實際聞過各種氣味、感受（認為）該氣味應屬於哪個類型顯然很重要。從事香氣相關領域的人在表現香味性質時，通常會使用英語或法與表達。站在重視共同認知的觀點，在本書中直接沿用一般使用的用詞，不再刻意翻譯成日文。（譯註：「不再刻意翻譯成日文」係按照原文翻譯）

花香調　floral　多種花朵的甜美香氣。

（例）玫瑰或茉莉花等的香氣。

果香調　fruity　熟成果時的甘甜香氣。

（例）蘋果、香蕉、葡萄、哈蜜瓜、梨子、鳳梨、櫻桃、草莓、桃子、杏桃、樹莓（Rasberry）、芒果等等水果的香氣。

甜香調　sweet　甜膩的氣息。對部份人而言會覺得刺鼻。

（例）香草的香氣或焦糖、烤甜點等砂糖熱分解時產生的甜膩香味。

蜂蜜調　honey　蜂蜜般的清甜氣味。

（例）蜜蠟或蜂蜜的香氣。

茴香　anise　含有中藥氣味的甘甜香味。

（例）中華料理用來滷食材食使用的八角（八角茴香，Star anise）或健胃散類的清甜香味。對筆者來說，聞到茴香的味道腦袋裡立即浮現唐人街的景象。

柑橘調　citrus　具有柑橘類特有清新的氣味。

（例）檸檬、柑橘、葡萄柚、蜜柑、萊姆等柑橘類的香氣。這是一般人都能清楚辨識的氣味之一。

芳香調　aromatic　香草類的甘甜香氣。

芫荽（香菜）、羅勒以及茴香（Fennel）等香草調的甘甜香氣。

樹脂調　balsamic　樹脂是指從樹木取得樹液乾燥後的樹脂。帶有香甜溫暖的氣息，香氣厚重是其特徵。

（例）利用萃取法取得的香草就屬於樹脂調。另外如乳香（frankincense）就是典型的樹脂調氣味。好像有很多基督教教會都會有乳香的香氣，所以筆者一聞到乳香的味道，腦海中立即浮現出教堂內部莊嚴肅穆的景象。

綠葉調　green　讓人聯想起綠草或綠葉的清新澄澈的香氣。

（例）正如其名，是一種帶有葉片氣味的香氣。

木質調　woody　木頭或森林的香氣。包括砍斷木材所飄盪的氣味。

（例）檜木或日本柳杉（日本香柏）帶有甜美的木頭香氣，或如白檀（檀香木）豐滿濃郁甘甜而溫暖的木調香氣。

苔蘚調　mossy　宛如生長在樹木表皮上的青苔氣味。彷如油墨的氣味、生長在帶有苦味的森林中的青苔的氣息，一種讓人寧神靜心的香氣。

（例）滿布青苔的陰涼日本庭園中的香氣，或者在樹林深處生長在樹木表皮上的青苔氣味。

泥土調　earthy　泥土的氣息。

（例）最能代表泥土調的植物就是廣藿香（patchouli）。很多人聞到廣藿香的氣味時會聯想到墨汁。一種深沈、沈穩的氣味。

薄荷調　minty　道地的薄荷（mint）的香氣。

（例）感覺就像身邊充滿了添加綠薄荷或薄荷的糖果的感覺。

香草　herbal　像香草一樣的意思，也可以指所有的香草。所謂的香草是指西洋的藥草，所以也指藥草般的氣味。

（例）最能代表香草般香氣的植物有薰衣草以及迷迭香。

辛辣調　spicy　辛香料般帶有刺激性的香味。

（例）薑、孜然以及紅辣椒所產生的氣味。

海洋調　marine　帶有點海水腥味、金屬性氣味、綠葉氣味，讓人想到海洋或海邊的香氣。

（例）海藻的氣味是如假包換的代表性海洋調氣息。

皮革調　leather　皮革製品會產生的皮革氣味，也會讓人感覺像是聞到了香煙的煙味、動物的氣息。皮革調氣味是嶄新的皮革製品最具特色的氣味。若要使用香料產生皮革調的效果時，可使用白樺樹的木頭或樹皮進行蒸餾，以所得到的樺木焦油（Birch tar）萊表現。

（例）皮革製品的氣味。

琥珀調　amber　琥珀的氣味也會用在裝飾品上。琥珀是樹木的樹液經過經年累月埋在地下硬化而成，所以其中含有樹液裡的香氣成份。琥珀呈樹脂狀，帶有甜甜的氣味，是一種能寧心定神，讓人溫暖的沈穩香味。通常是由多種植物（日本冷杉、安息香樹、香草、岩玫瑰〔Labdanum〕等等）的香脂混合，是一種爽身粉調的（powdery）環境型香氣。

（例）將琥珀片敲碎就會飄出琥珀調的香氣。或者將琥珀片燃燒也會產生琥珀調的香氣。

麝香調　musky　讓空間充滿動物調香氣，一種溫暖沈穩的成熟型香氣。

（例）在日常生活中雖然沒什麼機會可以聞到麝香（musk）的香氣，但是麝香被運用在多種香水的配方上。例如具有香水代名詞地位的「香奈兒五號（N°5）」就添加了利用化學合成方式製作的麝香—酮麝香（Musk ketone）。「香奈兒五號（N°5）」搽了以後經過一段時間，在沈穩甘甜的香氣中，就會洋溢著麝香的香氣。寶格麗（Bvlgari）公司在二〇一六年發售的Irina香水就是一種帶有濃郁麝香氣味的香水。

動物調　animalic　這類型的氣味在高濃度下是惡臭（野獸氣味或糞便臭味），但經過稀釋之後會產生如花朵般的甘甜、溫和的香氣。我們使用氣味時，一定是選用怡人的香氣，所以一般在我們的經驗中感受到的都是甘甜花香般的氣味。所以儘管說是動物調，但在當作香水等使用時，這種香味可能歸類為花香調比較適當。

（例）稍後的篇章中也會介紹到，在茉莉花等眾多花朵的芳香中都含有少量的吲哚（Indole）這種化合物，實際上也被作為香水與香料的成份使用。但是若所含的濃度太高，聞起來就會像動物的臭味甚或像大便般的惡臭

爽身粉調　powdery　如文字所述，這類香氣帶有一種乾燥白粉般粉粉的、輕盈的甘甜香氣。這類香氣也涉及香氣的質感，所以其中涵蓋了前面歸類於其他類型的香氣。例如被列為樹脂調的香草，以及櫻花樹的葉子（香豆素＝coumarin）、玫瑰花、紫花地丁的花、鳶尾花的花以及香水草（Heliotrop）的花，其香氣有時候都被稱作爽身粉調。當然玫瑰當中散發強烈濃郁花香的不會被列入爽身粉調的行列，會被歸類為花香調。

（例）前述所說明的花香中，帶有清新爽身粉調氣味的香氣等。

醛香調　aldehyde　這類香調談得不是香氣的質地，而是從化學構造式的角度來

看。分子帶有第6章所介紹的一種官能基的醛基時，有很多都具有香氣。它的香氣有如花香般，甘甜沈穩且帶有黏膩感。

（例）乙醛是日常生活中常見的醛。醛基分子的氣味像是略微宿醉的人走近身時所發出的氣味，一種隱約甜膩的果香氣味。宿醉人身上的氣味再加上油脂黏膩的感覺，就是添加在香水中的醛類的氣味。乍聞到「香奈兒五號（N°5）」時嗅到的甜味、成熟氣氛的香味就是醛類調特有的香氣。

除以上的分類外，有些分類法還會再加上**藥香調（medicinal 帶有藥味的香氣）**以及**清新香調（fresh 鮮嫩）**等等。上述的是將我們能夠產生共鳴共識的氣味所整理出的分類，方便在討論氣味的質地時更容易溝通。這些分類的妥當性仍有待科學研究進一步檢驗，但在後續有關氣味質地的說明中，基本上就採用這樣的分類方式進行論述。

4-3 香氣結合色彩

色彩的色相有紅、藍、綠，按其變化排列起來就成為一個圓環（**圖4－1**）。這個圓環稱作色相環（color wheel）。色相環不僅能幫助我們一目瞭然掌握整體色彩的關係，還能用來幫助思考混合顏色或配色時的色彩形象。一九八三年一位名為麥可．愛德華（Michael Edwards）的香料公司顧問，從這個色相環得到靈感設計了一個香氣環（Fragrance wheel）。香氣環雖然不似色相環擁有明確的科學根據，但是在依照個人喜好選擇香水時極具參考價值．而且也能幫助我們了解香氣的關係，或在設計新的香味時十分好用。這套香氣環後來經過了幾次修訂，最新版的內容如**圖4－2**所示。這個香氣環將氣味大分呈四個家族，花香調（floral）、清新調（fresh）、木質調（woody）以及東方調（oriental）。四大家族進一步又分別分成次小群。例如花香調的次小群又分作花香調（floral）、淡花香調（soft floral）以及東方花香調（floral oriental）。清新調分作果香調（fruity）、綠葉調（green）、清水調（water）以及柑橘調（citrus）。木質調分成芳香調（aromatic）、乾燥

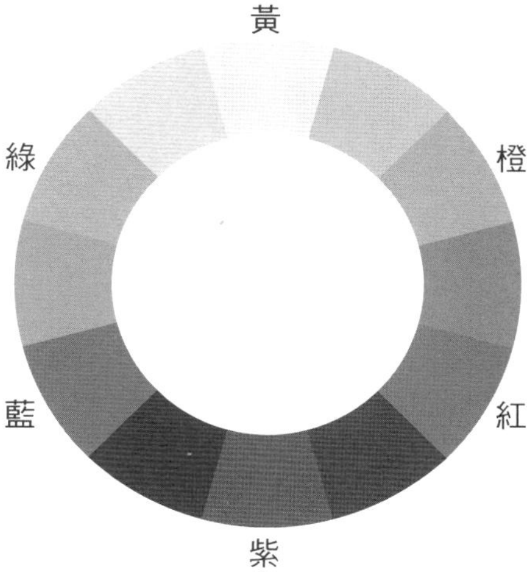

圖4-1 色相環（color wheel）

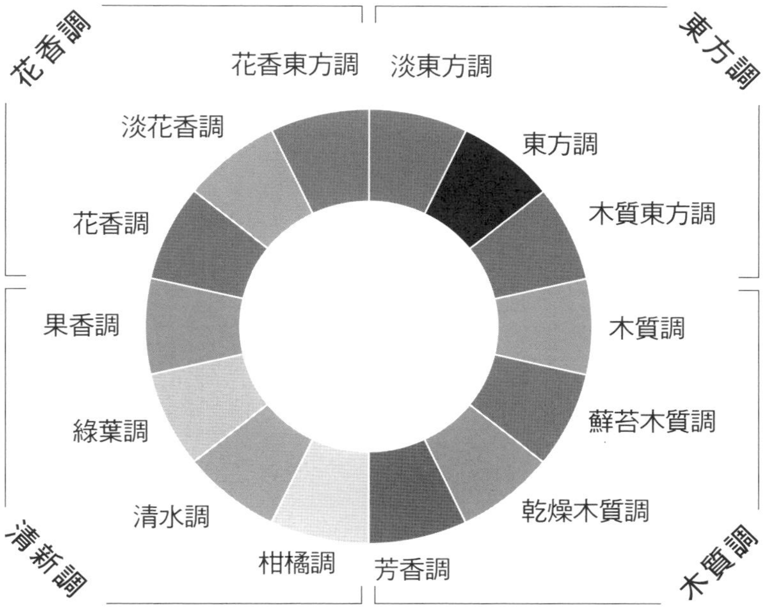

圖4-2 香氣環（Fragrance wheel）

木質調（dry woods）、蘚苔木質調（mossy woods）以及木質調（woods）。東方調又分成木質東方調（woody oriental）、東方調（oriental）以及淡東方調（soft oriental）。以上總共又分類出十四種的次小群，這當中雖然是以植物類的香氣為主，但是動物類的也可歸類於次小群中。有了這個香氣環，就能幫助我們了解香氣種類的全貌以及香氣彼此間的相互關係，而且對於香氣的初學者而言十分方便。

接著將從各個次小群的角度，介紹該類香水的氣味特徵，並加上簡單的說明。在本章以後將出現許多香水的名稱。近年來不僅在百貨公司，還有許多店舖也都銷售香水。有興趣的讀者可以積極地親身體驗各種香水的氣味。學習英語時，我們強調多閱讀、多聽英語的重要性，了解香氣時的道理也一樣。

花香調正是花朵的香味。如玫瑰、緬梔花（譯註：又稱雞蛋花）、百合以及茉莉花的香氣。此類的代表性香水有蒂芙尼（Tiffany）的Tiffany（一九八七）。

淡花香調的香調與花香調更為沈穩，甘甜，同時帶有爽身粉或乳膏般的質地，也含有麝香的香氣。此類的代表性香水有法國卡隆（Caron）的夜曲（Noctunes，一九八一）。

花香東方調是一種帶有柑橘花朵般柔順而甘甜的氣味，也會讓人聯想到線香或琥珀之類宗教儀式氣氛的香味。此類的代表性香水有Kenzo的罌粟花女性淡香水（Flower by Kenzo，二〇〇〇）。

果香調的香調包含了如桃子、梨子、蘋果、葡萄、南洋水果等清澈而甘甜的香氣。此類的代表性香水有愛斯卡達（Escada）的薄霧冰沙（Chiffon Sorbet，一九九三）。

綠葉調的香氣是帶有翠綠茂密的草株或綠葉的氣味。法國嬌蘭（Guerlain）近年發售的鈴蘭淡香水（Muguet，二〇一六）帶有花朵的氣味，同時也充滿了濃烈的綠葉香氣。

清水調在前一節的分類中屬於比較接近海洋的香氣，這款香味讓人想起乾淨清澈的海水以及暴風席捲後帶有水氣的空氣。此類的代表性香水有Aramis的New West for Her，一九九〇）。

柑橘調的香氣帶有強烈檸檬或橘子等柑橘類新鮮清新的氣味。此類的代表性香水之一（應該說是筆者最愛的香水之一）是西班牙Alvarez Gomez的Aqua de Colonia Concentrada。

芳香調如前所述，是香草的香味，如薰衣草、迷迭香以及羅勒之類的香味。此類的代表性香水有Paco Rabanne的出色男性香水（Paco Rabanne Pour Homme，一九七三）。

乾燥木質調的氣味就像悶燒的木材冒出的煙味或是剛開始穿的新鞋味道。此類的代表性香水有香奈兒的Antaeus（一九八一）。Antaeus是男性香水，與筆者年齡相仿的男性中，應該有不少人對該香水的電視廣告記憶猶新。

蘚苔木質調的氣味會讓人聯想到在樹木茂密陽光稀薄空間裡，樹木、泥土以及青苔覆蓋著地面的景象。此類的代表性香水有候斯頓（Halston）的Halston Z-14（一九七六）。

樹木調（woods）是屬於日本柳杉或白檀的香氣。新劈開的木材切口或新沾上鋸子的木屑的氣味就屬於木質調。此類的代表性香水有迪奧（Christian Dior）的Fahrenheit

（一九八八）。這款香水也帶有皮革的香氣。

木質東方調是白檀或廣藿香的香味中再加上甘甜與香辛料般，帶點神祕調性的香氣。代表性的香水有登喜路（Dunhill）的尋歡男性香水（Desire for a Man，二〇〇〇）。

東方調是一種充滿甘甜溫潤的香調，含有香草、麝香、肉桂以及古來常用的香辛料小豆蔻，香氣飽滿。有關香味的研究歐美早於東方，因此我們也就沿用歐美所創造的辭彙。東方調乃是站在歐洲人對香氣的感受命名，所以與我們想像的感覺多少有出入。在筆者的經驗中，所謂的東方調的印象應該比較接近古早日本或古代的神社佛寺，以及這些地方的庭園景象，或者東南亞城市的氣味。代表性的香水有丹娜（Dana）的禁忌（Tabu，一九三二）。

淡東方調是帶有柔和康乃馨花香、線香以及溫暖香辛料氣息的香味。康乃馨的花朵本身就帶有胡椒與丁香的風味。代表性的香水有蘆丹氏（Serge Lutens）的琥珀君王——橙色蘇丹（Ambre Sultan，一九九三）。就筆者所知，淡東方調的香水種類並不多。

包括前述的香水分類在內，香氣環只是一個概念性的分類法，所以當然有些香氣很難判斷該列入哪個領域。例如前面一再出現的香奈兒五號（N°5），一般被歸類在醛香調（花香調、醛香調）中，但是在香氣環的分類裡責備歸為但花香調的群組中。另外，琥珀（amber）的香氣被列在東方調的群組中。比較遺憾的是，目前尚無法清楚地將所有的香氣性質明白分類，今後如何建立一套不模糊的明確分類法還有帶摸索尋找。

香料顧問愛德華以前述的分類法將二〇〇八年以前市面上的近六千種香水做了分類，結果如**表4-1**所示。**表4-1**還將香水用途分成男用、女用以及兩性用（中性）。透過這章表清楚看出市售的香水以女用佔壓倒性多數。女用香水中產品數佔比最多的是花香調，佔了百分之四十二。若納入淡花香調與花香東方調則高達百分之六十七。相對地，木質調、乾燥木質調以及芳香調則以男用香水居多，其中大部分的芳香調都是男性用。香水廠商在推出產品時須考量市場人氣，所以這些數字也一定程度反映初男性與女性對香氣的喜好。

表4-1 香水的分類

	女用香水	男用香水	中性香水	合計	對全體佔比
果香調	21	0	3	24	0.4
綠葉調	33	15	29	77	1.3
海洋調（清水調）	35	81	21	137	2.4
花香調	1,446	17	44	1,507	26.3
淡花香調	354	10	23	387	6.8
花香東方調	533	1	6	540	9.4
淡東方調	97	18	19	134	2.3
東方調	145	15	31	191	3.3
木質東方調	352	361	65	778	13.6
木質調	71	263	63	397	6.9
蘚苔木質調	175	70	15	260	4.5
乾燥木質調	47	156	43	246	4.3
柑橘調	146	138	167	451	7.9
芳香調	8	572	21	601	10.5
總計	3,463	1,717	550	5,730	100

4-4 香水的分類

香水乃是混合多種香氣分子而成，所以稱作調和香料。調和香料能產生純天然香料無法創造的香氣。某一類型的香氣會有其愛好的群眾，因此可將香氣分類（group）。而且接近該群的香氣一般稱作「～調」，所以只要掌握了香氣的特徵就方便進行比較與選擇。

花香調（floral）

屬於這一類的的香水數量最多，由此可見花香果然最吸引人、讓人感覺舒服的香味。使用頻率最高的花香有玫瑰、茉莉花以及鈴蘭（通常也會以法語名稱「muguet」稱呼）的香氣。另外，也經常使用金銀花、梔子花、紫花地丁、紫丁香、依蘭（Cananga odorata）等各種花卉。有些香水會凸顯單一花卉的香氣，但通常會像紮花束一般集合多種花卉，成為花束調的香水。我一直提到的「香奈兒五號（N°5）」是一九二一年著名的調香師恩尼斯·鮑（Ernest Beaux）所調製，這款香水就是花香調的代表香水．香水中所含的醛香（aldehyde）是最大特色，所以又稱作花香醛香調。這款香水中飄出花香調香氣的有依蘭、橙花、鳶尾花（菖蒲）、茉莉花、鈴蘭以及玫瑰的香氣。「香奈兒五號（N°5）」的香氣就像花束散發的芬芳一般，在成穩的大人氣氛中凸顯出來。

柑苔調（chypre）

柑苔調（chypre）是法語賽普勒斯島的意思。最早推出這款香調類的是一九一七年Coty公司調配出的第一支Coty Chypre。柑苔調的最大特色是起初飄出新鮮而震撼的柑橘類（Citrus）香氣，隱藏其後隨後飄出的是青苔的氣味，然後是橡木苔的香氣以及麝香沉穩宜人的香氣形成對比。和絃的效果在音樂的世界裡非常重要。同樣地，香氣，尤其是由多種香氣調和在一起調製出的新香氣，其中香氣組合所產生的和諧效果也很重要。組合的協調效果不論是香氣或音樂，都同樣稱作和諧（accord）。柑苔調的和諧廣受男男女女喜愛，所以在這樣的和諧效果的概念下所調配的各種香水至今仍然廣受愛用。克麗絲汀．迪奧（Christian Dior）在一九四七年發表的Miss Dior就擁有被稱作「柑苔與花香」的特徵。這款香水蘊含了柑苔調的精華之一香檸檬（Bergamot），但是一開始散發的醛香以及梔子花等甘甜香氣的背後，藏著白松香精油（Galbanum）的刺激性綠葉香氛。即使Miss Dior是廣受讚頌的柑苔調，但其實是調性相當不同的香氣。以音樂打比方，就像旋律以相同的音調或和絃發展，但是在主旋律上還搭配著其他旋律的感覺。

馥奇香調（Fougere）

Fougere（馥奇香）是法語單字，意思是「像蕨類植物般」。蕨類植物本身散發著讓人聯想到茂密森林樹蔭下的綠草氣味。要清楚感受蕨類植物本身的氣味可以參考霍比格恩特（Houbigant）公司的歷史古典香水Fougere Royale（一八八二）。但是大部分的馥奇香調香水並未使用蕨類植物，尤其是男性香水的馥奇香調香味多以薰衣草做為基調，再添加橡木苔（Oak moss）的澀味以及香豆素（coumarin）之類的甘甜氣息。馥奇香調的香水最大特徵為洋溢著清爽與陰涼濕苔般的青草香氣。香豆素成了馥奇香調的最大關鍵。馥奇香調常見於男性香水中。其中的代表例有卡文·克萊（Calvin Klein）公司的永恆男性香水（Eternity for Men，一九九〇）。嗅覺對香豆素特別敏銳的人在聞到這款香水時，會最先聞到香豆素的氣味。

除了前述幾種，另外還有東方調（Oriental）、花香東方調（Floral＋Oriental）的分類，除去細微的微妙差異，基本上都可套用前述的香氣種類來看。

大部分的香水與芳香精油都複合了多種香氣分子，不同的香氣分子彼此相互協調，創造出該香氣帶給人的感覺形象。在第11章中將解釋好幾種的香氣分子是如何創造出香水的特徵，呈現香氣的形象。

第5章 解開香氣分子之謎

第2章中談到了如何使用水蒸氣蒸餾等的方法從植物中萃取香氣成份。這些成份實際上是多種化合物的混合物。薰衣草分成好幾種，在日本有一種被稱作真正薰衣草的Lavandula angustifolia品種。以水蒸氣蒸餾這種薰衣草開花時的前端部份時，就可得到含有**表5－1**所示的化合物。其中乙酸沉香酯（Linalyl acetate）與芳樟醇（Linalool）兩種成份佔據全體的八成左右，但是相同的品種也會因為不同的國家（土地與氣候等）而變化，成份大不相同。同樣地，花朵部份以溶媒萃取所得的純香（Absolute）成份如**表5－2**所示。其中乙酸沉香酯（Linalyl acetate）與芳樟醇（Linalool）兩種成份合計佔整體的百分之七十三，所以主要成份差不多，但是少量含有的成份卻大不相同。雖然含量少，但是香氣卻因為這些成份的不同，跟著產生極大的差異。有一種稱作穗花薰衣草（Spike lavender）的品種，其成份如**表5－3**所示，可以看出成份相當不同。這也是為什麼芳香療法這麼講究芳香精油來自植物的何種品種，從成份的差異就能明白。那麼，我們是如何掌握植物所含的這些成份呢？

表5-1 真正薰衣草所含的香氣分子

保加利亞產

分子	%
乙酸沉香酯（Linalyl acetate）	46.6
芳樟醇（Linalool）	27.1
(*Z*)-β-羅勒烯（Ocimene）	5.5
乙酸薰衣草酯（Lavandulyl acetate）	4.7
松油烯-4-醇（Terpinen-4-ol）	4.6
β-石竹烯（beta-caryophyllene）	4.1
(*E*)-β-法尼烯（farnesene）	2.4
(*E*)-β-羅勒烯（Ocimene）	2.2
乙酸3-辛酯（3-octanyl acetate）	1.1

法國產

分子	%
芳樟醇（Linalool）	44.4
乙酸沉香酯（Linalyl acetate）	41.6
乙酸薰衣草酯（Lavandulyl acetate）	3.7
β-石竹烯（beta-caryophyllene）	1.8
松油烯-4-醇（Terpinen-4-ol）	1.5
冰片（Borneol）	1.0
α-松油醇（Terpineol）	0.7
(*Z*)-β-羅勒烯（Ocimene）	0.3
3-辛酯（3-octanyl）	0.2
(*E*)-β-羅勒烯（Ocimene）	0.1

表5-2 薰衣草純香所含的香氣分子

分子	%
乙酸沉香酯（Linalyl acetate）	44.7
芳樟醇（Linalool）	28.0
香豆素（Coumarin）	4.3
β-石竹烯（beta-caryophyllene）	3.2
乙酸香葉酯（Geranyl acetate）	2.7
松油烯-4-醇（Terpinen-4-ol）	2.7
脫腸草素（herniarin）	2.3
(*E*)-β-法尼烯（farnesene）	1.2
樟腦（camphor）	1.2
1-辛烯-3-基乙酸酯（1-octen-3-yl acetate）	1.1

表5-3 穗花薰衣草所含的香氣分子

分子	%
芳樟醇（Linalool）	27.2-43.1
1,8-桉樹腦（1,8-cineole）	28.0-34.9
樟腦（camphor）	10.8-23.2
冰片（Borneol）	0.9-3.6
β-蒎烯（β-Pinene）	0.8-2.6
(*E*)-α-沒藥烯 (*E*)-α-Bisabolene	0.5-2.3
α-蒎烯（α-Pinene）	0.6-1.9
β-石竹烯（beta-caryophyllene）	0.5-1.9
α-松油醇（Terpineol）	0.8-1.6
大根香葉烯（Germacrene D）	0.3-1.0

5-1 分離出香氣成份

首先，我們必須分別觀察芳香精油中所含的多種化合物。也就是說，我們必須將這些成份分離開來。分離技術在化學中是非常重要的學問，也因為分離技術進步，才能夠掌握前一頁（九十五頁）所示的香氣分子。化學，尤其是來自生物成份的相關化學，必須仰賴分離技術才得以發展。生物科學可以走到今日這個程度，也是托分離技術之賜方能實現。我想讀者當中有不少人未來希望朝生物科學的相關領域發展，說這方面的技術第一個該學習的就是分離可是一點也不誇張。

薰衣草的芳香精油是黏度偏高的液體，顏色透明而均勻，因此很難讓人信服這樣的液體表面存在某些化學物質的混合物。在分離技術中，色層層析法非常重要，它的英語寫做chromatography。Chromato源自希臘語，亦為「有色的」，graphy也是源自希臘語，意思是「記錄法」，整個字就是「以顏色識別的方法」的意思。色譜（chromatogram）則是以色層層析技術得到之「記錄」的意思。

圖 5-1 紙色層析實驗

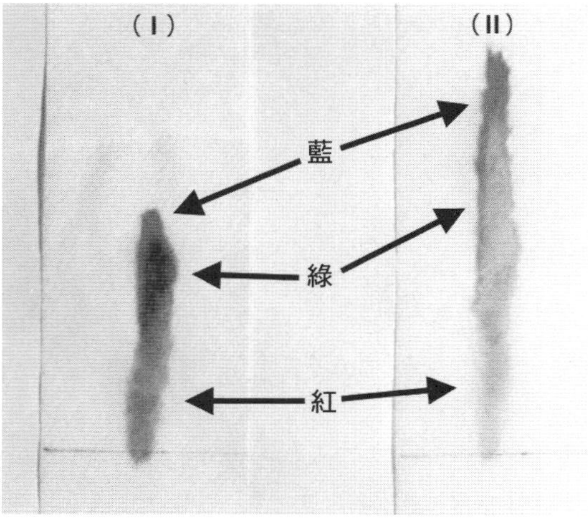

圖 5-2 黑色水性麥克筆中所含的色素成份

或許有些讀者沒聽過紙色層析法（paper chromatography）這個字。這裡我們要來進行一個簡單的實驗。首先準備幾片寬四公分左右，長約一〇～一二公分的紙片。最好選用吸水性良好的紙材，例如沖泡咖啡的濾紙或廚房紙巾。在紙片上距離下緣約兩公分處以鉛筆輕輕地劃一條水平線，在線中央以水性的黑色麥克筆劃一個小黑點（●）。這裡最重要的就是選用水性麥克筆而非油性筆。然後在即溶咖啡的玻璃罐之類的瓶中加入深度約一公分高的水。將紙片上方以免洗筷夾住，如**圖5－1**所示懸吊紙片，讓紙片下端接觸到水。這時候須注意不要讓黑點部位浸泡到水。保持此狀態放置片刻。當紙片觸碰到水時，因為毛細現象的關係，水分會逐漸往上蔓延。在此同時，水分也會攀升到劃有小黑點的位置來，隨著水分上升，黑點的形狀就會從圓形變形成縱長的長形，而且色澤也從原本的黑色逐漸出現其他顏色。

所謂的出現其他顏色，事實上是原本看起來的黑色逐漸分離成好幾種色彩。這就是三原色的三種顏料混合在一起時會變成黑色，而此時則是黑色又被分離成三原色的狀況。**圖5－2(II)**中顯示的是水分攀升到接近紙片上緣〇．五公分處的狀態。從接近上端的位置往下緣方向看，可看見藍、綠以及紅色。這就是紙色層析法將黑色水性油墨所含的色素分離出來的情形。**圖5－2(I)**顯示的是水分從開始的點向上攀升了約四公分時的情形。從照片中可看出小黑點依然是黑色，色素尚未分離開來。黑色油墨的色澤狀態因油墨廠牌而異，或許未必會出現**圖5－2**所示的分離模式，但是依然會出現其他形式的色彩分離。而且有些油墨製造廠未必利用混合的方式製造，而採用真正的黑色顏料製造。由黑色顏料製造的黑色油墨在這個情況下就不受水分攀升影響，不管上升幾公分，油墨依然是黑色不會分離。

我們來看看，為什麼紙色層析法（paper chromatography）能將色素分離。首先來看，油墨印在紙上面的狀況。紙張通常都以植物纖維製造，油墨的分子會與纖維產生某種程度的強力結合。若沒能強力結合，油墨很容易就會從紙張上脫落。以石墨製造的鉛筆劃在紙張的纖維上時，與紙張纖維不會強力結合，因此只要摩擦鉛筆的黑線就會脫落。水性馬克筆與紙張纖維結合的程度勝過鉛筆，透過前述的實驗我們明白了黑色油墨是多種色彩分子的混合物，但是各顏色的色素分子與紙張纖維的結合性也有差異。水性馬克筆的色素分子完全屬於水溶性。但是各色素分子對水的溶解性以及對紙張纖維的結合強度則會因色素分子而異。從**圖5－2**的模式來看，藍色色素最容易溶於水，對紙張纖維的附著力最低。因此才會最早脫離紙張纖維溶於水中，跟著水攀升到最上方。相對地，紅色色素對纖維的結合力最強，對水

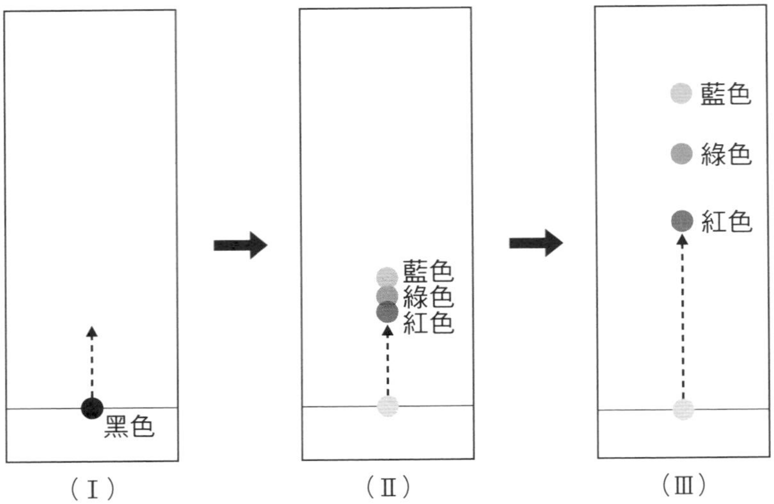

圖5-3 紙色層析法（paper chromatography）的原理

的溶解性低，即使經過了一段時間仍然停留在紙片的下方。**圖5－3**就是這些狀況的示意圖。

色層層析法（chromatography）有許多不同的方法，但是原理都一樣。講得艱澀一些，在紙色層析法（paper chromatography）中稱紙張為固定相，稱水為移動相。以色層層析法的語言來描述這個實驗，應敘述為「層析法的技術是利用能溶解分子的移動相，使吸附在固定相上的分子在固定相上移動，以移動的距離分離分子」。移動相以使用氣體和液體為主，這樣的手法分別稱作氣相層析法（Gas Chromatography）與液相層析法（Liquid Chromatography）。

5-2 利用氣體分離香氣——氣相層析儀（Gas Chromatography）

分離氣味分子最常使用的方法，就是以氣體作為移動相的氣相層析儀（gas chromatography）（**圖5－4**）。分離時首先需要的就是氣體，最常用的氣體是性質穩定、不會與氣味分子產生化學反應的氦氣。充作移動相的氣體一般稱為攜帶氣體（carrier gas）。固定相則使用能大量吸附有機分子，與有機分子不會產生反應的矽膠（Silica Gel）、活性碳、合成沸石、氧化鋁等。這些固定相用的是粉末或粒子，將之封入玻璃管中。這個玻璃管一般稱作色譜柱（column）。正如紙色層析法中談過的，移動相愈長，愈能將不同的各種分子分離開，因此色譜柱的設計也愈設計愈長。一般會設計成螺旋管狀，以拉長管子的長度（**圖5－5**）。這裡舉了兩種分子為例，氣相層析儀的目的就是要將(IV)所示的兩種分子在色譜柱上明確分離。在色譜柱前方有一個放試料（例如芳香精油）的地方。芳香精油是液體，所以使用注射筒（syringe）。試料被放入色譜柱中後，經過加熱就讓柱中的成份汽化，隨著攜帶氣體（carrier gas）通過色譜柱。就像紙色層析法（paper

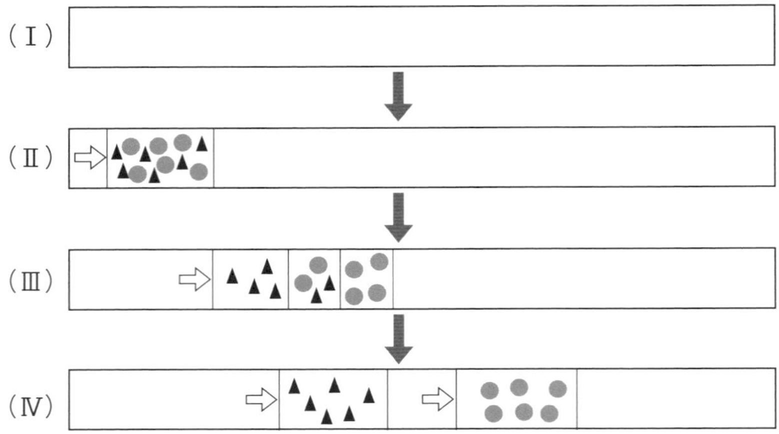

圖5-4 氣相層析儀的原理

(i)：固定相（色譜柱）會將香氣分子吸附在此。(ii)：將香氣分子的混合物（這裡的●與▲兩種）吸附在固定相上。從左邊導入攜帶氣體（carrier gas）（⇨），讓氣味分子在固定相內移動。(iii)：兩種的分子對固定相的吸附力不同，所以在固定相內的移動不會一致，會錯開。(iv)：固定相內對兩種分子的吸附位置明確分開。

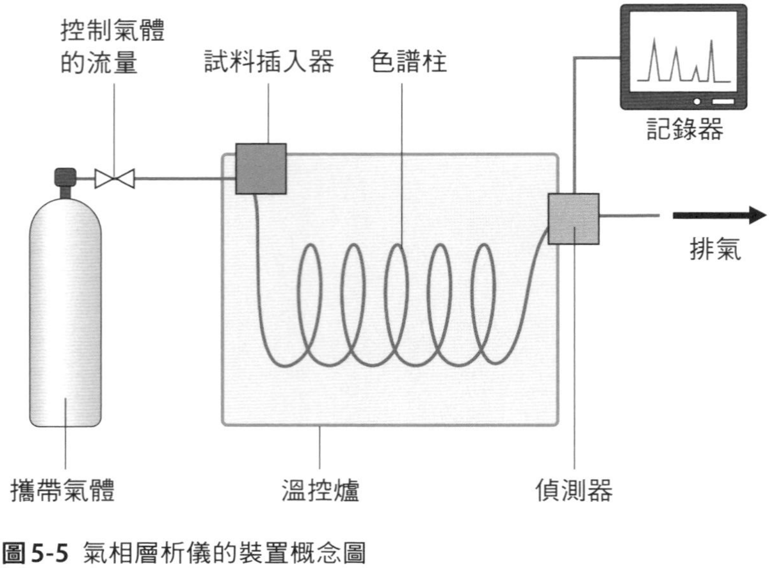

圖5-5 氣相層析儀的裝置概念圖

chromatography）一樣，因為各種分子與裝在色譜柱中的固定相的結合性不同，所以分子就被分離開來。分離且形成層狀結構的各分子會從色譜柱的出口端排出。當然最早排出的是與固定相結合力最弱的成份，然後依序按照結合力的強弱陸續排出。也就是說，按照排出（流出）的時間，即可區別分子的種類。

氣味分子幾乎都透明無色，因此從色譜柱出口排出的分子必須以色澤以外的方式判定，檢驗方法有許多種。最常用來分析香氣成份（是否存在香氣分子）的檢驗器具是氫焰離子化檢測器。這台檢測器是檢驗混有氫氣的物質在燃燒時產生的電漿電子進行判定，英語稱作flame ionization detector，縮寫做FID。這台器具只需微量的成份即可檢驗出，這是最大的優點，但是相反地，由於必須燃燒香氣分子，所以無法聞到該香氣的氣味。另外有一種熱導率偵測器（thermal conductivity detector：TCD），這種偵測器乃是利用攜帶氣體（carrier gas）與氣味分子氣體之間熱傳導度的差異，偵測出分子是否抵達。這兩種檢測器都能將偵測到的分子轉換成電氣訊號，輸出到記錄紙上，得到**圖5－6**這樣的波形（曲線圖）。在曲線圖中，橫軸為時間（稱作遲滯時間＝retention time，單位為分鐘），縱軸為該分子偵測到的強度，基本上與該分子的濃度相當。若曲線圖的波形不是尖頭狀，左右拖著長

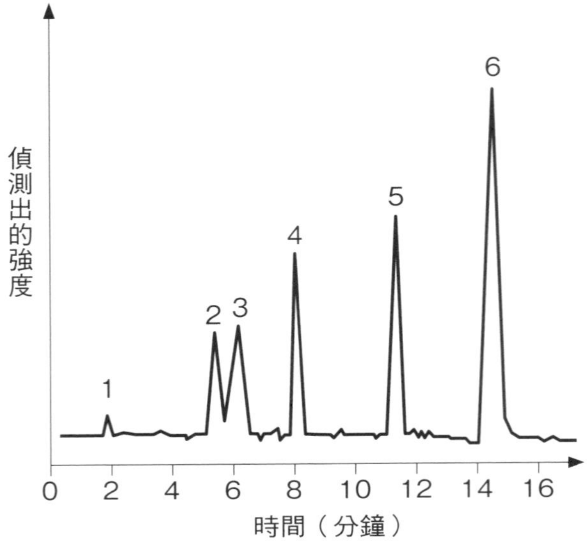

圖5-6 氣相層析儀的測定結果（記錄圖）

長的斜坡時，代表色譜柱的分離能不好。裝置愈好，愈能得到尖頭狀的波形。倘若實驗條件一致的話，相同的分子應該在同一時間出現峰值，這是層析儀非常重要的性質。假設現在取得一個純A分子的試料以及一種芳香精油的試料，將兩者以相同的條件進行氣相層析的分析時，比較該A分子的峰值位置與芳香精油的峰值，若兩者的峰值一致，則該芳香精油中含有A分子的成份。

那麼以實際的法國產薰衣草的氣相層析色譜來看（**圖5－7**），在這張記錄圖中出現的氣味分子與各個峰值的關係如**表5－4**所示。在遲滯時間（retention time）十八分七秒處出現了芳樟醇（linalool），在二十

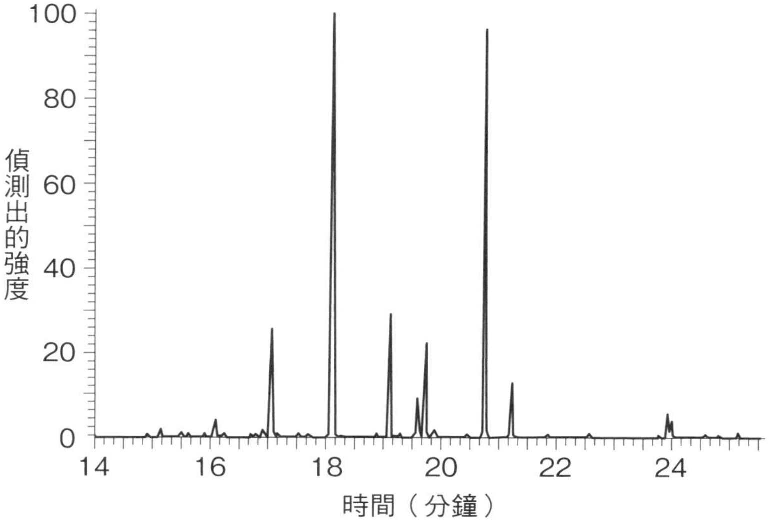

圖5-7 法國產薰衣草的氣相層析儀例（記錄圖）

表5-4 氣相層析儀的峰值

峰值面積	峰值時間	化合物名稱
1.064	16′06″	蒎烯（Pinene）或 β-月桂烯（β-myrcene)
7.432	17′04″	1,8-桉樹腦（1,8-cineole）
31.909	18′07″	芳樟醇（linalool）
7.518	19′07″	樟腦（camphor）
3.282	19′35″	冰片（Borneol）
5.317	19′43″	松油烯-4-醇（Terpinen-4-ol）
27.504	20′46″	乙酸沉香酯（Linalyl acetate）
3.585	21′14″	乙酸香葉酯（Geranyl acetate）
1.362	23′58″	法尼烯（farnesene）
1.085	24′01″	石竹烯（caryophyllene）

分四十六秒處出現了乙酸沉香酯（linalyl acetate）。兩者的峰值面積分別為三一・九〇九與二七・五〇四，較其他分子的峰值大，同時也顯示這兩種成份的分子分別佔此樣本中的約百分之三十五與百分之三十一。在其他成份的分子中，若以「或」的方式表示者，表示以氣相層析儀難以區分為兩者中的哪一方，換言之，由於該兩種成份都會在同一時間（遲滯時間）出現峰值，所以很難判別應屬哪一方。在非常接近的時間出現在色譜柱的分子很難正確判定，必須透過變換固定相的使用材料，加上各種巧思才能分析出正確成份。

5-3 學習化學構造

氣相層析儀只能判定在該時間（遲滯時間）析出了某種有機分子，但是無法得知有機分子的化學構造。先前提到的薰衣草精油，其層析圖中各個峰值是由何種分子產生，尚須透過其他方法確定。植物、動物以及微生物等等的生物體內到體存在哪些分子？這項答案探索的研究在化學的歷史中佔據極為重要的部份。少了這方面的研究，藥學、生化學以及醫學就發展不起來。

中學生、高中生在學習化學時，老師一開始展現給學生看的分子通常就是已確知化學構造的分子。遺憾的是，通常老師不會解釋是如何得知該分子的化學構造。分析（決定）分子化學構造的原理與方法是化學領域重中之重的領域，不過這些內容可能不是本書讀者感興趣的地方，所以我將掌握分子化學構造的具體方法——質譜法（ＭＳ）、紅外線吸收光譜法（Infrared Spectrometry）以及核磁共振光譜儀（ＮＭＲ）放在本書卷末的補充說明中介紹。有興趣的讀者請務必參閱該部份。這些方法被廣泛運用在決定所有有機分子的化學構造上。

第6章 香氣的分子化學

6-1 產生香氣的分子條件

香氣分子大部分都屬於有機化合物。分子量在一〇〇〇以下的有機化合物稱作低分子有機化合物，香氣分子一般都屬於低分子有機化合物。構成有機化合物的主要元素有氫、碳、氧以及氮，大部分的香氣分子也是由這些元素構成，有些分子中還含有硫磺。

香氣分子必須在空氣中擴散，傳遞到我們的鼻腔才會產生香氣的效果。所以必須是在我們生活的氣溫與氣壓下能夠變成氣體的分子才能成為香氣分子。分子量愈小就愈容易變成氣體，所以香氣分子的分子量比較低。能產生氣味（未必是香氣）的最小分子是阿摩尼亞，分子量只有十七。所有能產生氣味的分子都比阿摩尼亞還大。由大分子量構成的高分子物質，例如塑膠等就沒有氣味。分子量四十六的乙醇在常溫下為液體，分子量三四二的的蔗糖（sucrose）在常溫下為固體（白砂糖）。

相氣分子的分子量分布範圍在三〇到三〇〇之間，大部分的分子在常溫、常壓下為液體。用於製造香水的香氣分子分子量分布在一五〇到二〇〇之間。香水所使用的香氣分子

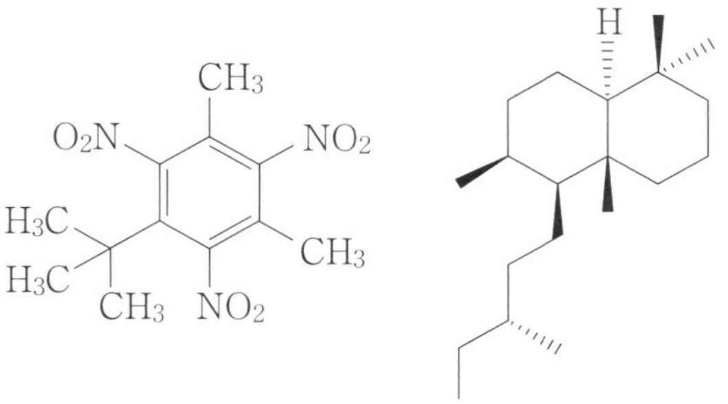

圖6-1 二甲苯麝香（Musk xylene）（左）與半日花烷（Labdane）（右）的化學構造

中，分子量最大的二甲苯麝香（Musk xylene）（**圖6-1**），其分子量為二九七。這個分子量是透過化學合成方式所得到的。取自植物的香氣分子中，分子量最大的是薰衣草，分子量為二七八。

分子的沸點愈低就愈容易變成氣體，而香氣分子的沸點範圍相當廣泛，分布在二〇〇℃左右到三七〇℃之間。大部分的香氣分子的沸點在三〇〇℃以下。當沸點愈高蒸氣壓就愈低，愈不容易汽化，不過其實香氣分子中也存在沸點相當高的分子。

要傳遞怡人的香氣，未必需要同時有大量的氣體分子與受體結合。而且分子量大的香氣分子能與嗅覺受體強力結合，所以即使受體上結合的分子數量不多，發揮的影響依然很大。與嗅覺受體強力結合的分子讓嗅覺能更長時間感受到香氣的效果。相對地，分子量小的香氣分子與嗅覺受體的結合力較弱，因此鼻子感受到香氣的時間也較短。但若欠缺常溫、常壓的蒸氣壓，就無法感受到氣味。屬於氨基酸之一的丙氨酸（Alanine）分子量為八九，推定在二十五℃的蒸氣壓只有〇・一〇五μmmHg。分子量很小，因此在常溫常壓下幾乎不會揮發成氣體，完全不會產生氣味。另一方面，薄荷腦（menthol）（薄荷所含成份）的分子量為一五六・三，在二〇℃時的蒸氣壓達〇・八mmHg，能產生強烈的薄荷氣味。

沸點的高低未必與分子量的大小成正比，最明顯的例子就是水。水分子的沸點在大氣壓下為一〇〇℃，算是極度的高溫。庚烷（Heptane）（C_7H_{16}）分子的分子量為一〇〇，是水分子的五・六倍，但其沸點九十八℃比水還低。這個溫度差源自於分子與分子之間親和性的強弱差異。庚烷分子在液體中，分子彼此的親和性低，分子與分子集合在一起形成液體的集合力弱。換句話說，這個液體稀稀的不黏稠。相對地，水的液體中分子與分子會形成氫鍵的鍵結，分子間的結合很穩固。所以水從液體開始汽化時，必須將一個一個的水分子切斷分離，因此必須達到一〇〇℃的高溫才能汽化。庚烷分子的這類分子可溶於油但不溶於水。前面提過採自植物的香氣成份稱作芳香精油，不過大部分的芳香分子的性質說起來通常較易溶於油（疏水性）。

但是香氣分子在前文中也解釋過，在通過鼻腔後，首先需溶解於嗅上皮的黏液中，然後與位於嗅覺細胞表面的嗅覺受體結合。嗅上皮黏液的主要成份為水，因此香氣分子必須具備某種程度能溶於水的性質（親水性）才能抵達受體。因此大部分的香氣分子，其分子內都具有溶於油的部份（疏水性）以及溶於水的部份（親水性）。例如下下頁中的芳樟醇（linalool）的分子，其親水部份為羥基（Hydroxy），其他部份為疏水性（親油性）。換句話說，香氣分子必須均衡地具備容易汽化的親油性性質以及易溶於水的親水性性質。

6-2 分子構造決定香氣

有機化合物具有各式各樣的化學構造，但是化學構造與散發出的香氣之間具有何種關係呢？遺憾的是目前尚未研究出能決定化學構造與香氣之間一對一關係的法則，但是在過去有關眾多香氣分子的相關研究中，確實釐清了化學構造特徵與香氣之間明確的關係。本節中將討論其中較為一般性的關係。

香氣分子的兩個集團

有機化合物的化學構造大分為兩類。一類稱作芳香族化合物。所謂的芳香族正如字面意思帶有良好的氣味，英語稱作aromatic compound，其中的aroma也就是香料的意思，語源來自希臘語。如**圖6－2**所示，這類化合物有一個特色，就是分子內有苯環。苯環就是**圖6－2**左上方的六角形的環，由六個碳原子與六個氫原子所構成。環內的雙鍵與單鍵交錯配置，六條鍵結都剛好帶有一．五鍵結合的性質。這一點是決定苯環性質的一個關鍵。很多有機化合物都帶有苯環，但分子量低於三〇〇的分子，大體上都帶有甜甜的香氣。苯環本身也帶有甘甜的氣味，但因為苯具有致癌性，所以目前在實驗室中嚴格限制使用。不過在筆者的學生時代，有機化學實驗室瀰漫的氣味之一就是苯的氣味。出現在第一章的香水草（Heliotropium），其所含的分子——乙醯茴香醚（acetanisole）也含有苯環。

另一類是脂肪族化合物，不含苯環。如**圖6－3**所示，最簡單的脂肪族化合物就是甲烷分子。此外，也有芳樟醇這類直鏈狀分子以及柑橘等所含之檸檬烯（Limonene）這樣的環狀分子。脂肪族化合物的英語為aliphatic compound，aliphatic意思是「脂肪或油」，字源來自希臘語的aleiphatos。事實上，脂肪族化合物中，有不少化合物帶有油膩的氣味。2－壬烯

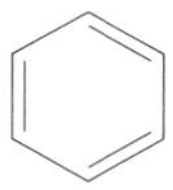

苯
(benzene)

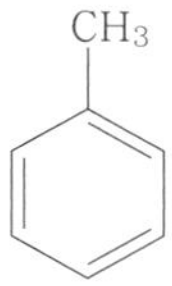

甲苯
(toluene)

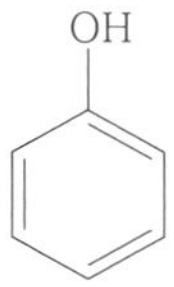

苯酚
(Phenol)

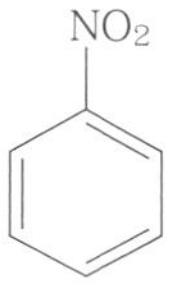

硝基苯
(Nitrobenzene)

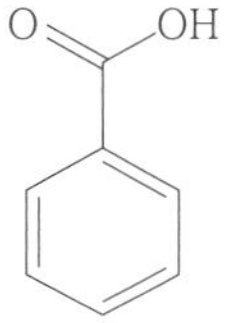

苯甲酸
(Benzoic acid)

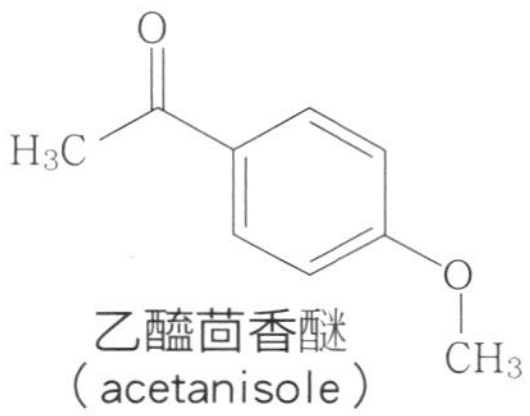

乙醯茴香醚
(acetanisole)

圖6-2 芳香族化合物的範例

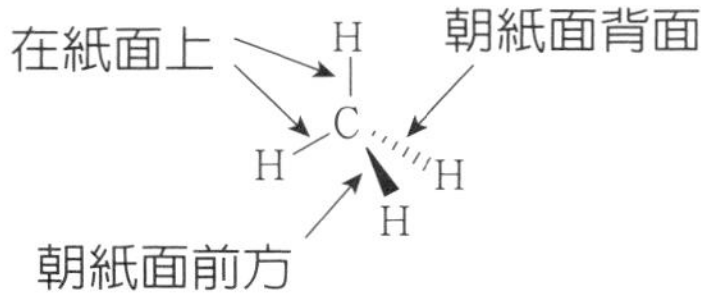

甲烷

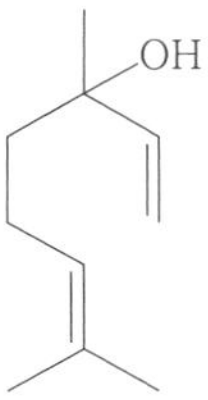

芳樟醇

檸檬烯
(Limonene)

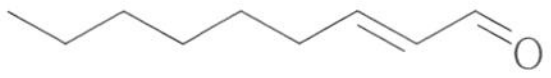

2-壬烯醛(2-Nonenal)

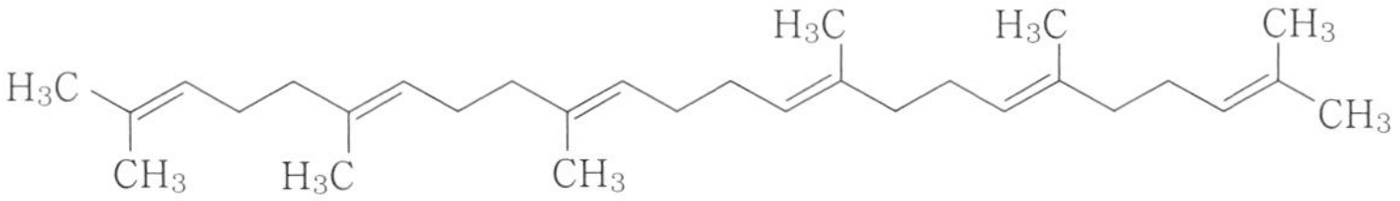

角鯊烯(Squalene)

圖6-3 脂肪族化合物的範例

醛（2-Nonenal）可歸類為脂肪族化合物，這種化合物就帶著油膩腥臭的氣味，這種分子也被認為是導致老人體臭的原因之一。

芳香族化合物與脂肪族化合物的氣味質地明顯不同。研究已經證明氣味的差異來自這些化學構造的不同，但目前為什麼因此會造成氣味質地不同，原因仍是一個謎團。但是香味分子以外的複雜大分子基本上都兼具芳香族的部份與脂肪族的部份，但因為分子量很大，所以沒有氣味（至少我們的鼻子聞不到）。

碳原子（C）的數量在決定香氣分子的分子量上很重要。大部分的香氣分子含有四到十六個碳原子，但對我們而言，有八到十個碳原子的香氣分子氣味聞起來最為舒適。碳原子數目少的分子香味強烈，前面也提到，這類香氣不持久很快就會消失。另一方面，含有較多碳原子、較大的香氣分子，其香味細緻而香氣持續時間較常。從這些現象來看，碳原子的數量在與嗅覺受體的交互作用上扮演著重要角色。

官能基與香氣的關係

令人遺憾的是，有關香氣分子的化學構造與香氣之間的關係還有待研究。本項中將說明現有研究中已經掌握到的化學構造與香氣的關係。

有機化合物中存在具有特徵的原子團。原子團是由多個原子構成的局部性化學構造，很多分子中都存在原子團，這樣的原子團會顯現一些特性。香氣分子的官能基就具有一些特殊的氣味。

乙醇是帶有羥基（hydroxy）（**圖6－4a**）的分子。羥基會讓香氣顯得清新，散發彷如花朵般甘甜的香氣。薄荷氣味帶來的感受也會因羥基而異，有時候會散發刺激性的氣味。香葉醇（Geraniol）也含有羥基，是產生花朵般香氣（花香調〔floral〕）的代表性分子之一。分子中含一個羥基時，氣味會很強烈，但是隨著羥基的數量增加氣味會逐漸變弱。

醛基（aldehyde）（**圖6－4b**）為酸化了的羥基。分子中含醛基時，氣味會變得強烈而具有刺激性。香葉醇（Geraniol）帶有花朵般的香氣，但是若該羥基變成醛基的檸檬醛（Geranial）時，氣味就會變成強烈的檸檬味，甚至變成帶有刺激性的氣味。而且像癸醛（Decyl aldehyde）這種醛基是接在很長的脂肪族分子鏈前端的物質，就會產生油油的、柑橘般的香氣。有十二個碳原子的月桂醛（Lauryl aldehyde）就是著名的香水「香奈兒五號（N°5）」的基調，其氣味正是帶有油膩感的柑橘香味。

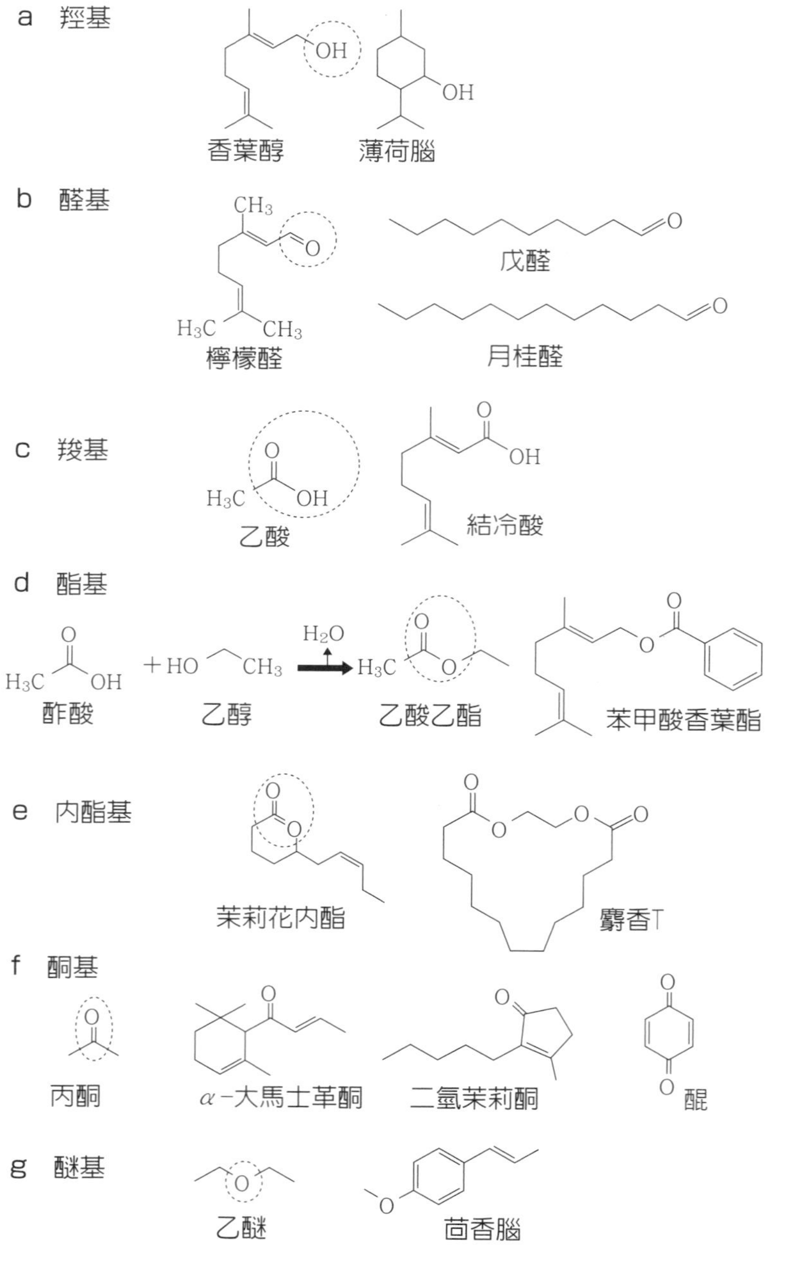
a 羥基
OH
OH
香葉醇
薄荷腦
b 醛基
CH_3
O
H_3C
CH_3
檸檬醛
O
戊醛
O
月桂醛
c 羧基
O
H_3C
OH
乙酸
O
OH
結冷酸
d 酯基
O
H_3C
OH
酢酸
+ HO
CH_3
乙醇
H_2O
O
H_3C
O
乙酸乙酯
O
O
苯甲酸香葉酯
e 內酯基
O
O
茉莉花內酯
O
O
O
O
O
麝香T
f 酮基
O
丙酮
O
α-大馬士革酮
O
二氫茉莉酮
O
O
醌
g 醚基
O
乙醚
O
茴香腦

圖6-4 官能基的種類

醛進一步酸化後就變成羧基（Carboxyl group）（**圖6－4c**）。我們可以透過常聞到的醋酸味去想像，帶有羧基時的氣味正是酸的氣味。尤其含碳原子數少的脂肪族羧酸（carboxylic acid）會出現腐壞的臭氣或和臭味，決不會帶來好氣味。有趣的是，當分子內只有一個羧基時，味道聞起來是酸味，但是當羧基的樹木增加，酸味就會逐漸減弱。含有羧基的分子通常不會產生什麼好氣味，但是檸檬醛（geranial）繼續酸化成的結冷酸（Gellan acid）就與香葉醇（Geraniol）或檸檬醛（geranial）截然不同，會產生令人連想到綠草、綠葉香味（綠葉調）或木材香氣（木質調）的沈靜香氣。從羥基、醛基到羧基，在這樣的變化當中氣味的質地會出現如此大幅的改變實在深具趣味。

酯基是將羧酸與羥基如**圖6－4d**所示地進行脫水縮合製作而成。在此圖中顯示的是以乙酸與乙醇所製作的酯類乙酸乙酯。乙酸乙酯是香料使用的酯類中最小的酯，帶有水果般的甘甜氣味（果香調）。它的味道聞起來帶著略微衝鼻的甜膩刺激味，這是醚的香氣。在果香調的調和香料中也會使用乙酸乙酯。當乙酸乙酯這類縮合酸與乙醇的分子都很小時，就會產生果香的香氣。另一方面，苯甲酸香葉酯這種原料的酸（苯甲酸）與乙醇（香葉醇）的分子都比較大，所以它的香氣就帶有花卉的香氣（變成花香調）。原料的苯甲酸雖然很弱，但是帶有甘甜厚重（樹脂調）的香氣。相對於此，香葉醇則帶有宛如玫瑰花般的花香氣味。

像**圖6－4e**所示般，酯（ester）位於環中的基稱作內酯（Lactone）基。帶有內酯基的分子，其氣味受環的大小影響。前面談過的香豆素（coumarin）也含有內酯，茉莉花內酯（Jasmine lactone）的氣味強烈，聞起來彷如帶有花生般油脂成份的桃子，或者像是酪梨般的果香氣息。環的結構若大到像麝香T這樣的結構時，就會帶有麝香的氣味。

帶有酮基（**圖6－4f**）分子的物質一般會散發甜甜的果香。含酮基最簡單的分子丙酮就帶有水果香氣。在糖尿病病患的尿液中含有大量的丙酮，因此尿帶有甘甜的氣味。另外，還有名為玫瑰酮（大馬士革酮（Damascones））的分子，所散發的是帶有蘋果般甘甜的玫瑰的香甜氣味。二氫茉莉這類環狀化學構造中若帶有酮基時，就會產生酮基特有的果香以及茉莉花般怡人的香氣。另外，苯環中帶有羰（Carbonyl）基的醌（Quinone）味道就十分刺鼻，會散發刺激性的氣味（類似氯），所以並非怡人的氣味。

乙醚是一種帶有醚基（**圖6－4g**）的單純分子，一般談到醚的時候指的就是乙醚分子。醚分子帶有甘甜的刺激性氣味，具有麻醉性，因此不會用在調香用途上。帶有醚基的分子其氣味比酒精還淡，但是脂肪族醚類不會用在香料用途上。植物中不存在脂肪族醚類，但

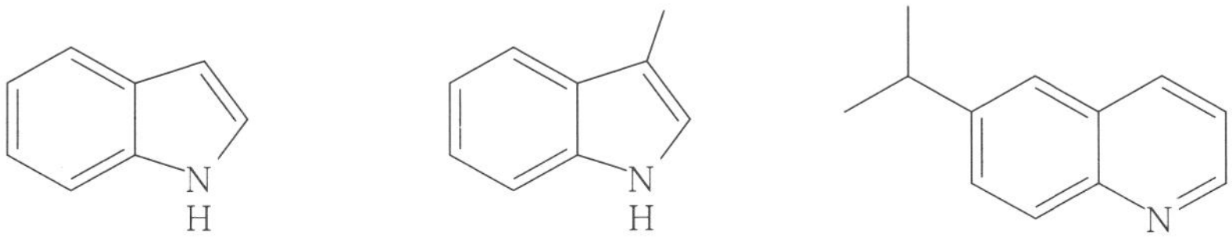

吲哚
（Indole）

糞臭素
（3-甲基吲哚＝skatole）

異丙基喹啉
Isopropylquinoline

圖6-5 含氮（N）原子的分子

存在芳香族醚類，具有提升香氣的效果。八角所含的甜甜氣味就是來自茴香腦（Anethole）這種醚基分子的氣味。

雙鍵、三鍵的部份存在許多電子，可以想像在與嗅覺受體的交互作用中發揮著重要的功能。事實上，雙鍵或三鍵增加（稱作「不飽和度增加」），氣味也會隨之變得更濃烈。而且，屬於脂肪族的分子雙鍵的位置若位於從末端算來第三個與第四個碳之間時，氣味最強烈。大多數的香氣分子都含有雙鍵的結構。

雖然在香氣分子中幾乎不存在硫磺原子（S）與氮原子（N），等種原子也會影響分子的氣味。吲哚（Indole）或3-甲基吲哚（skatole）（**圖6-5**）這類含氮原子的分子會形成高濃度的惡臭，但是其中有幾種分子的性質只要經過稀釋，惡臭也會變成芳香。另外，只要像異丙基喹啉（Isopropylquinoline）一樣帶有喹啉（quinoline）構造的分子，就會散發出爬滿青苔的樹木般的氣味。

第三章中談過，香氣分子首先須與嗅覺受體結合才能傳遞氣味。嗅覺受體是分子量幾萬個級的大型蛋白質。相對地，氣味分子的分子量最多就三百多而已，這麼小的氣味分子與受體結合，然後稍微調整其形態以後就會變成訊號傳遞到細胞內。不須贅言，位於香氣分子內的官能基在這個與受體結合過程中發揮著重要功能，但是與受體結合的氣味分子在傳遞訊號之後，必須在適當的時間內脫離受體。若讓細胞的開關一直保持在開啟狀態，後續身體將感受不到氣味。所以氣味分子必須輕輕地但扎實地與特定的受體結合。藥品的分子必須與受體緊密結合，所以藥品分子內的官能基比例比氣味分子的比例高出許多。此外，但原子與硫磺原子以及氯原子（Cl）等的原子中存在能加強原子間交互作用的原子。由此可見，氣味分子與受體分子的交互作用是非常細緻輕微的。遺憾的是，在現行的實驗中，尚無法掌握嗅覺受體與香氣分子的分子世界是如何產生交互作用。期待對這個問題有興趣的讀者中，能誕生出願意挑戰這項重要且極度有趣問題的挑戰者。

不同的幾何異構物產生的不同香氣

圖6－6所示的*n*－丁烷(I)這個分子中不存在雙鍵。碳原子A（C_A）與碳原子B（C_B）之間，單鍵結合比較容易讓鍵結左右兩邊的原子團旋轉。因此也可以形成(II)的結構（立體構形）。如此之立體構形其結構比較不安定，但是也可以形成(III)這樣的構造（立體構形）。當然也可以形成介於之間的構造（立體構形）。也就是說，在常溫下*n*－丁烷（butane）可能有多種不同的立體構形，但是仍以單一類型的分子形態存在。是否屬單一分子可透過該分子的熔點、沸點之類的性質得知。*n*－丁烷的熔點為負一四〇℃，沸點為負一℃，所有人測定的結果都只能得到其近似值而已。即使碳碳單鍵周圍產生旋轉，但是在常溫下該旋轉會自由變化，因此無法取得單一的特定立體構形。

但是，雙鍵的狀況就大不相同（**圖6－7**）。(I)當中，分子的*n*－丁烷中央為碳碳雙鍵結合。雙鍵的結合部份有許多電子分布，鍵結力量更大，所以C＝C周圍不可能旋轉。若勉強加溫使其旋轉，會導致該部份的分子遭到破壞。因此，(I)的分子中，就無法將位於右下的甲基（methyl，$-CH_3$）放在(II)的分子的相同位置上。換句話說，(I)與(II)的構造無法互換。兩者的原子種類與數量都相同，所以分子量也一樣。但是(I)與(II)是以不同的分子形態存

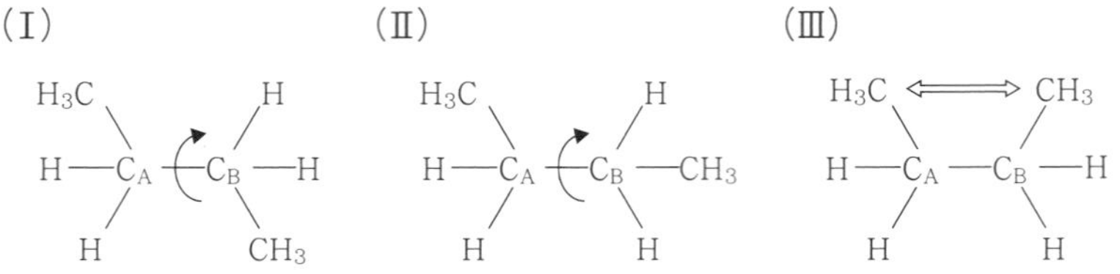

圖6-6 單鍵周邊可旋轉，產生多個立體構形

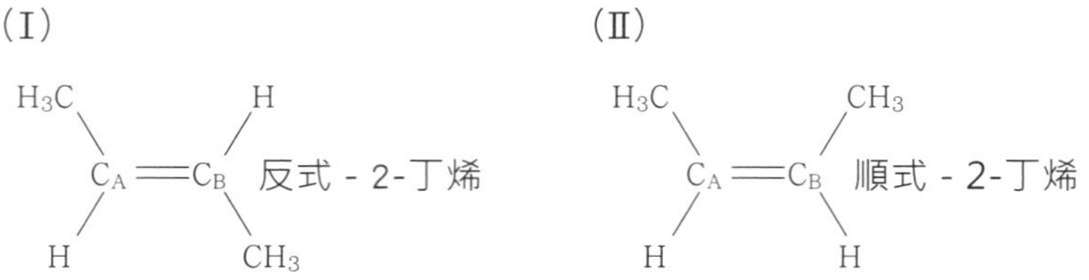

圖6-7 雙鍵周圍無法旋轉，所以會產生不同的幾何異構物

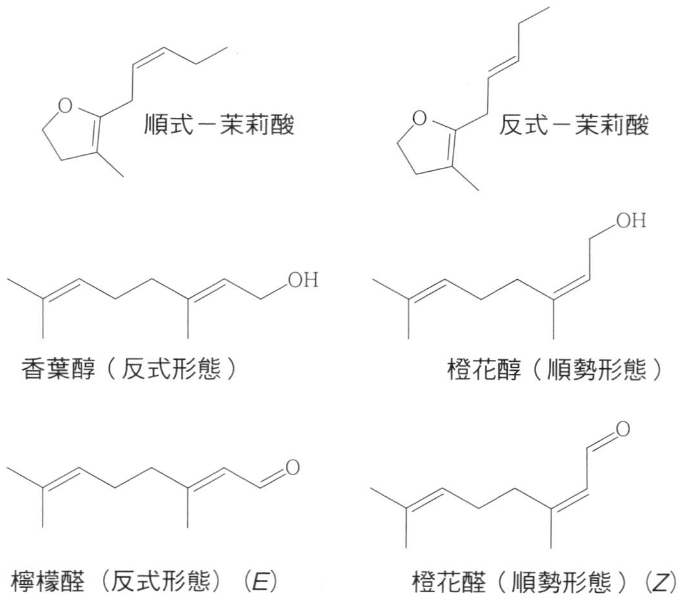

圖6-8 幾何異構物的例子

在。這樣的分子統稱為2－丁烯（2-butene），但是若單稱2丁烯則無法分辨(I)與(II)的區別，所以將(I)稱作反式－2－丁烯（trans-2-butene），另外(II)稱作順式－2－丁烯（cis 2-butene）。反式（trans）這個字首在雙鍵上是指二個甲基彼此面對相反的方向。另一方面，順式（cis）這個字首是指二個甲基朝向同一個方向。(I)的沸點與熔點分別式一℃與負一〇六℃，(II)的值則分別為四℃與負一三九℃，兩者差異很大。由此可知，乍看之下看似相同的這兩個分子其實式完全不同的東西。像這樣對雙鍵的位置關係不同的化學構造，稱作幾何異構物（geometric isomer）。

圖6－8所示為茉莉酸（jasmonic acid）分子，它是產生茉莉花甘甜氣息的分子，在環外雙鍵存在二個幾何異構物。（環內雙鍵不存在幾何異構物）。一個是順式—茉莉酸（cis-jasmonic acid），另一個是反式—茉莉酸（trans-jasmonic acid）。反式—茉莉酸帶有蘑菇等菇類的香氣，與順式—茉莉酸的氣味完全不一樣。幸好採自茉莉花的茉莉酸都屬於順式形態。通常來自植物的香氣分子大多屬於順式形態，從氣味來看，通常也是順式形態的香氣比較芬芳。

不過還是有例外狀況。例如**圖6－8**所示的香葉醇（Geraniol）是帶有玫瑰花溫和沈穩香氣的分子。它雖然有二個雙鍵，但是左側雙鍵的的碳原子結合了二個甲基，所以那個部位就沒有幾何異構物存在。右側的雙鍵存在幾何異構物。這個碳鏈以反式形態結合在雙鍵左右的分子是香葉醇。以順式形態構形的分子稱作橙花醇（Nerol）。化合物的名稱中有化學家決定的系統性名稱也有慣用名稱，這兩種名稱併存的情形往往讓初學者一頭霧水，像香葉醇（Geraniol）和橙花醇（Nerol）就都屬於慣用名稱。橙花醇（Nerol）也帶有甘甜的玫瑰花香。香葉醇（Geraniol）分子的羥基（Hydroxy）若變成醛基（aldehyde）時，就變成檸檬醛（geranial）分子。所以反式形態為檸檬醛（geranial），其順式形態為橙花醛（Neral），合起來統稱檸檬油醛（Citral），因其帶有檸檬香味而得名。

再來談一個有關幾何異構物的辭彙問題。有時候檸檬醛（geranial）會被記載為(E)－檸檬油醛（Citral），橙花醛（Neral）記載為(Z)－橙花醛（Neral）。順式和反式都屬於慣用的表現法，化學家所決定的正式名稱分別是(Z)與(E)。Z代表德語的**zusammen**（同方向）、E代表**entgegen**（反向）。

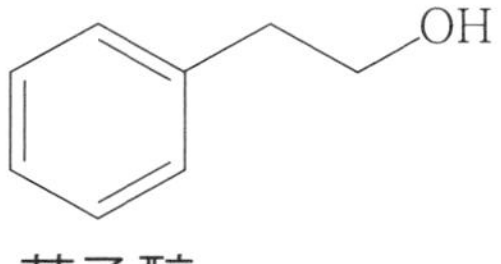

2-苯乙醇

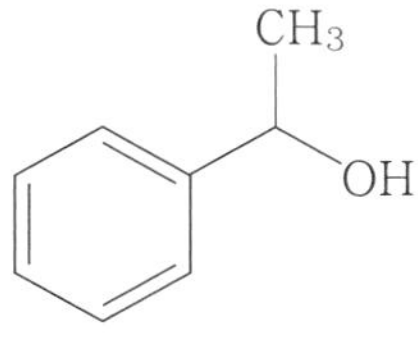

1-苯乙醇

圖6-9 苯乙醇

不同的位置異構物產生的不同香氣

分子內即使存在相同的官能基，但是官能基所在的位置往往會造成分子氣味大不同。例如**圖6－9**所示的β－苯乙醇（β-phenylethyl alcohol），採自玫瑰花的香氣成份中β－苯乙醇佔了百分之六十五～八十，是創造玫瑰花香的主要功臣。但是當羥基（Hydroxy）的位置改變，成為1－苯乙醇（1-phenyl-ethanol）時，雖然依然帶有花香，但是香氣就比較接近風信子或梔子花的香味。**圖6－10**上層的四個化合物非常類似。(I)散發著類似貼布上水楊酸（Salicylic acid）的強烈氣味，但是(II)則因為酮（Ketone）的位置偏移，所以這股氣味就微弱許多。(I)的羥基移位了的(III)則幾乎沒有味道，但是(IV)會產生甘甜柔和、如草莓或覆盆子（raspberry）香氣般的果香。所以(III)的名稱也稱作覆盆子酮（raspberry ketone）。**圖6－10**的香芹酚（Carvacrol）帶有奧勒岡草（oregano）特有的刺激性氣味。羥基（Hydroxy）位置不同的百里酚（Thymol）果然氣味也跟著改變，產生香草百里香（Thyme）

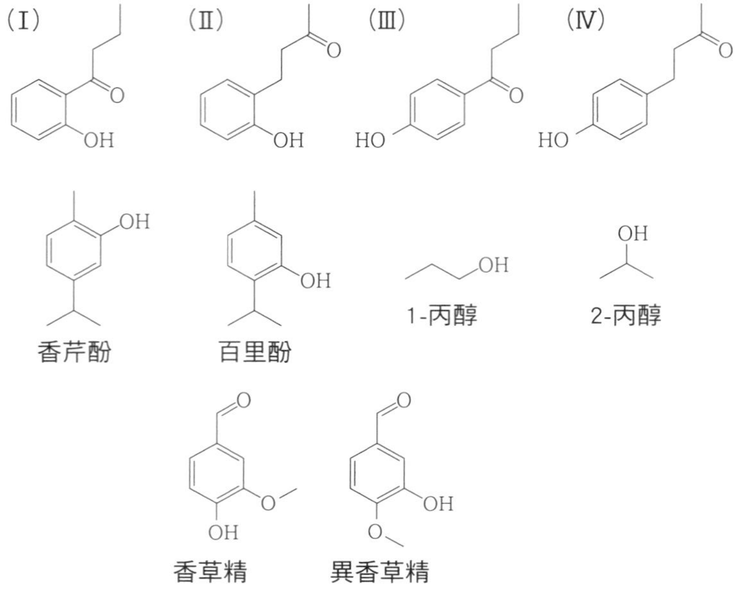

圖6-10 位置異構體的例子

般的氣味。1－丙醇（1-propanol）的氣味聞起來類似乙醇（ethyl alcohol），但是羥基（Hydroxy）的位置一改變，2－丙醇移到正中間就會產生甘甜的香氣。香草精（Vanillin）帶有香草（vanilla）般的甘甜香氣，但以甲氧基（methoxy）（$-OCH_3$）取代羥基（Hydroxy）的異香草精（isovanillin）則幾乎沒有任何氣味。

如上所述，若沒有官能基和氣味特徵則無法一對一地加以說明。官能基對氣味的影響明顯受到官能基的位置、分子內的其他官能基與化學結構左右。但是筆者認為，聞到氣味的質地時，不僅

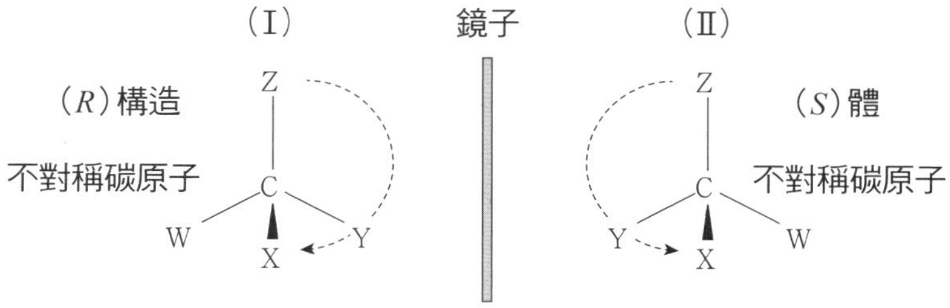

圖6-11 光學異構物

可透過氣味的表現讓人聯想到分子中所含的官能基，同時也可幫助我們對氣味有更深的了解。

不同的光學異構物（optical isomer）產生的不同香氣

碳原子的原子價為四，可與四個原子單鍵結合。如**圖6－11**所示，只要調製四個不同的原子（X、Y、Z與W）以及碳原子結合的分子(I)，碳原子就會位於四面體的正中心。將這個分子映照在與圖中紙面垂直位置的鏡子中，就可以至做出鏡像體的分子(II)。當X、Y、Z與W都不一樣時，(I)與(II)就無法完全重疊在一起。這個關係正如左手與右手的關係。因為(I)與(II)的原子種類與數量一模一樣，所以即使使用質譜法（MS）、紅外線吸收光譜法（Infrared Spectrometry）以及核磁共振光譜儀（NMR）都也無法區別兩者的立體構造。唯一的差別在於精偏光光線的變動。也就是說，利用經過偏光曲折時光線在(I)與(II)的性質為逆向，藉由這個現象即可區

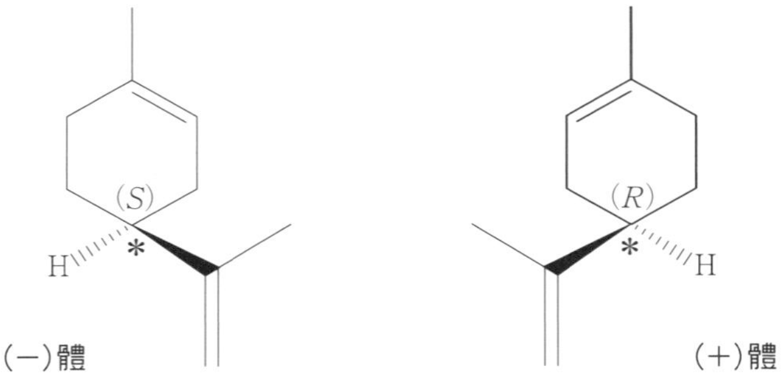

圖6-12 檸檬烯（Limonene）的光學異構體

別兩者的差異。含有這種性質之碳原子（不對稱碳原子）的分子稱作光學活性分子，也稱(I)與(II)具有光學異構體的關係。現在原子（原子團）的大小（質量）順序為W＞X＞Y＞Z，透過不對稱碳原子從俯瞰W的角度看分子時，則碳原子是以順時鐘方向Z→Y→X配置，形成(*R*)的絕對立體構形。反之，以逆時鐘方向構形的碳原子則說是形成(*S*)的絕對立體構形。

圖6－12所示的分子檸檬烯（Limonene）有一個不對稱碳原子（標有＊），所以存在互為鏡像體的兩種光學活性分子。右側的分子會將光線向右（＋側）偏光彎折一二三・八度，所以稱作(+)－檸檬烯（Limonene）。(+)－檸檬烯的不對稱碳原子具備(*R*)的構形。相對地，左側的分子會將光線偏光折射一二三・八度，稱作(−)－檸檬烯。(−)－檸檬烯的不對稱碳原子具備(*S*)的構形。偏光的彎折角度多大可以旋光儀測定，透過實驗掌握。(+)－檸檬烯擁有強烈的典型的柑橘系（Citrus）、清

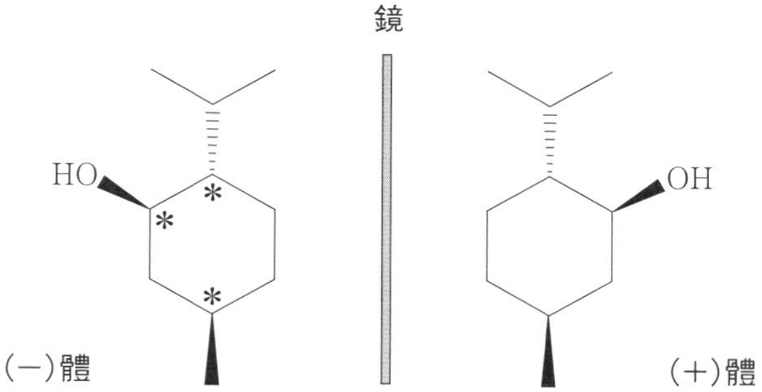

圖6-13 薄荷腦的光學異構體

澈清涼感的香氣。另一方面，薄荷油中含有(−)−檸檬烯，散發著彷如松節油或松脂類的氣味，兩者的味道截然不同。嗅覺受體為氨基酸所構成的蛋白質，本身就是光學活性分子。因此，乍看之下難以區分的兩類分子，其香氣的質地卻大相徑庭。光學活性分子的標示方式有好幾種，比較遺憾的是目前摻雜使用尚無一套定論。有時(+)的分子會標示為*d*（dextro右），(−)的分子則標示為*l*（levo左）。本書中統一以(+)(−)標示。

像檸檬烯這類在分子內有一個不對稱碳原子時，會形成二個鏡像體分子。若分子內含有三個不對稱碳原子時，可能就會出現二十三個光學活性分子。如**圖6−13**所示的薄荷腦，存在三個標為＊的不對稱碳原子，所以有八種的光學活性分子。其中持續產生清涼薄荷氣味的分子是左邊的(−)−薄荷腦。右邊的分子是(−)−薄荷腦的鏡像體，也帶有薄荷的香氣，但是其氣味強度遠較(−)−薄荷腦弱，只有其百分之三十以下程度。其他六種光學活性分子的薄荷香氣右更為微弱，甚或完全沒有薄荷的氣味。

其實構成我們身體的分子幾乎都屬於光學活性分子。具備光學活性性質的分子，彼此相互間的作用控制極為嚴謹，在控制例如讓右手正確穿戴右手手套等的生命活動上，光學活性分子對這類需要正確與高效率性的要求十分有利。構成我們身體的二十種氨基酸內有十九種屬於光學活性分子，DNA的分子也是光學活性分子。在植物體內製作香氣的分子中，也含有眾多的光學活性分子。

化學構造的小幅改變連帶改變了香氣

γ－壬內酯（γ－nonalactone）（**圖6－14**）是帶有椰子香氣的內酯（Lactone），在這個分子右側若延伸兩條碳鏈（$-CH_2-CH_2$）的話，就變成γ－十一酸內酯（γ－Undecalactone），這個分子帶有桃子的香氣。相同地，帶有杏仁堅果（Almond）或杏仁（Apricot kernel）香氣的苯甲醛（benzaldehyde），在醛基與苯環之間加入乙烯基（$-CH=CH-$）的話，就會變成桂皮醛（cinnamaldehyde）這種分子，這類分子帶有肉桂的香氣。

將產生香草甘甜香氣的香草精（Vanillin）其來源醛基換成烯丙基（Allyl）（$-CH_2-$

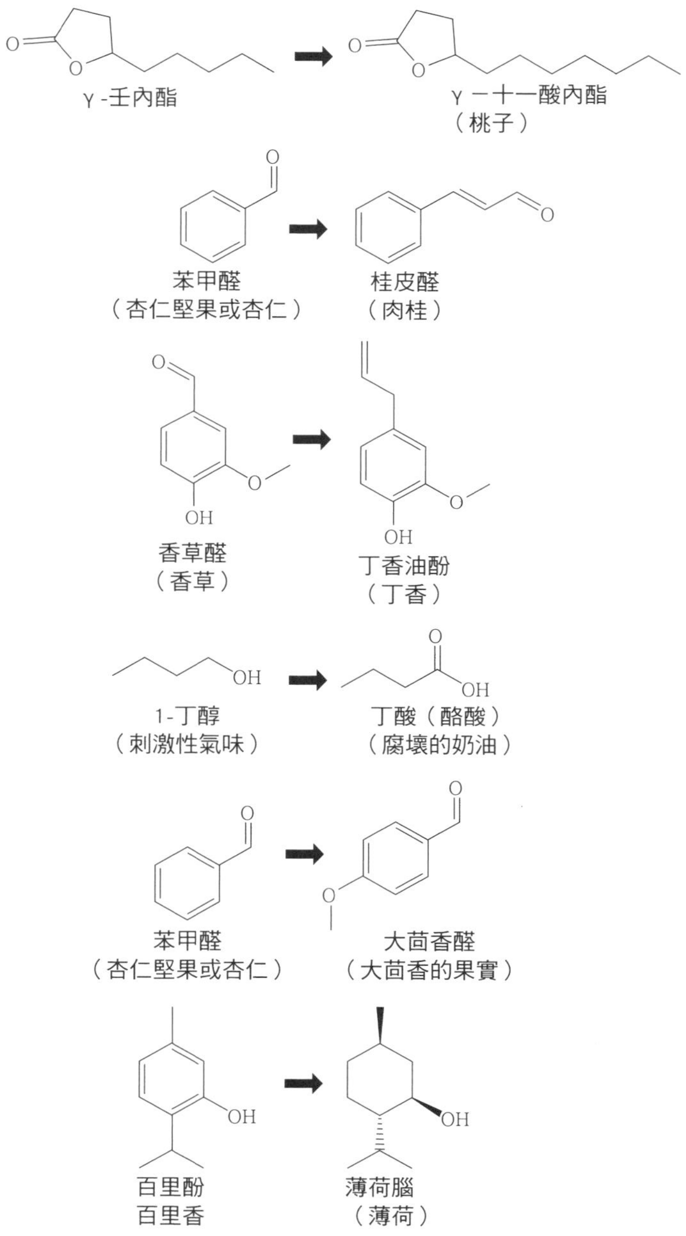

圖6-14 一丁點的化學構造變化也會帶動氣味隨之改變

$CH=CH_2$）時，就會變成產生丁香（Clove）氣味的丁香油酚（Eugenol）分子。在減輕牙痛的止痛藥水中會添加丁香。用過這種陣痛藥水的人應該對其濃烈甘甜、痲痹人感覺的刺激性難以忘懷。1－丁醇也會釋放刺激性的氣味，但是若是將羥基換成羧基（carboxyl group）的丁酸（butyric acid）（酪酸），則氣味變得更糟糕，會散發出彷如奶油腐壞時令人不悅的臭味。

加上官能基也會改變氣味的感覺。例如，大茴香醛（Anisaldehyde）是在苯甲醛（benzaldehyde）的醛基相反側加上甲氧基（$-OCH_3$），因為甲氧基的關係就會從杏仁的氣味變成大茴香果實的味道。

氣味也會因為將脂肪族鏈改成芳香族鏈就改頭換面。例如將百里酚（Thymol）的苯環換成不屬於芳香環的環己烷（cyclohexane）環時，氣味就會從百里香變成薄荷的香味。這個分子是(－)－薄荷醇。

第7章

香氣的測量

7-1 香氣物質的量與香氣的強度

包含嗅覺在內，感覺器官接受到的外部刺激的量與身體實際感受到的強度（感覺強度）未必成正比。一般來說，這個關係可透過韋伯—費希納定律（Weber-Fechner Law）來表現。韋伯—費希納定律以下列式子表現氣味的刺激量I（與香料濃度相對應）與實際人體感受到的氣味強度S（感覺強度）之間的關係。

$$S=\alpha \times \log I + b$$

這裡的α與B是各種氣味分子的固定常數。在這個對數的式子裡有一個特徵，就是I值到一定值時S會急遽變大，但在超過某個數值以上時，S就停止上升。這個定律如**圖7－1**所示。圖中顯示了身體感受氣味強弱上的各種特性。

我們對氣味的感受性具有下列特徵。除非有極少量的氣味分子與人體的受體結合，否則我們聞不到任何氣味。氣味分子的濃度超過某個值（感應門檻值）(I)時，人體才能感受到氣味的存在，但無從得知是什麼氣味。感受的程度僅止於「有東西散發出氣味」。當氣味分子

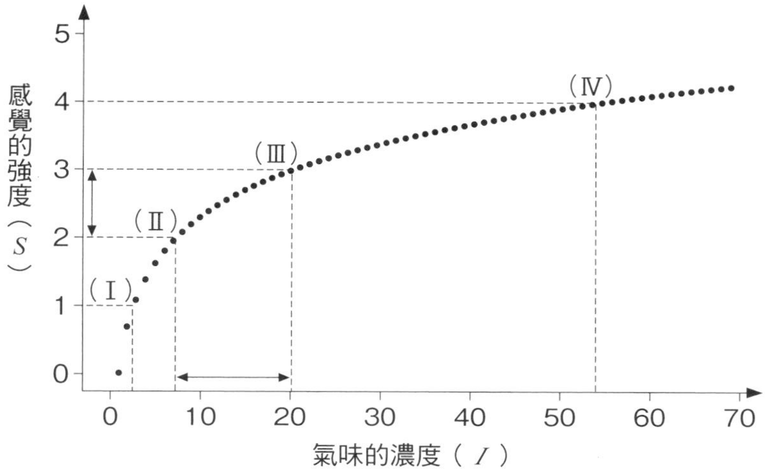

圖7-1 氣味的濃度與感覺強度的關係

濃度超過(II)時就能辨識出氣味的種類，所以(II)又被稱作是認知門檻值。濃度同樣在(II)的位置，但氣味分子愈小的香氣分子會顯示愈強烈的氣味。當濃度到達(III)時，嗅覺即可感受強烈的氣味，而當超過(IV)時，由於味道非常強烈，甚至可能導致難以判別該氣味的種類為何。原本應該是香氣，但若濃度到達此領域可能就讓人感覺不舒服或討厭。同時，濃度超過(IV)以後，即使香氣分子的濃度繼續略增，嗅覺也察覺不出氣味的變化。有些香氣分子的韋伯—費希納曲線會改變。具體來說，韋伯—費希納定律式子的係數 α 與 B 視氣味分子而異。換句話說，各種氣味分子令人感受芳香的濃度領域各自不同。

我們擁有好幾種嗅覺受體，每一種受體只與特定的氣味分子結合，且親和性各異。這表示氣味分

表7-1 濃度變化會造成氣味特質大幅改變的分子

	濃	淡
二甲基硫（dimethyl sulfide, DMS）	海邊的氣味	仍帶有海岸的氣味，但是還飄著草莓果醬、煉乳的氣味，或是烹調蔬菜時的味道
吲哚（Indole）	令人討厭的糞便臭味	茉莉花或梔子花般的芳香
喃甲硫醇（furfuryl mercaptan）	惡臭	花生炒焦時的氣味，烘焙咖啡豆的氣味
癸醛（Decanal）	油臭味般的惡臭	柑橘果實的氣味
醛C-11	脂肪臭味	玫瑰花的香氣
α －紫蘿蘭酮（Ionone）	木材的氣味	紫花地丁的花朵香氣
3-甲基吲哚（skatole）	糞便臭味	帶有清涼感的香氣
γ-壬內酯（γ-nonalactone）	椰子的味道	果香、花朵香以及麝香般的香味

子的濃度必須大於最小濃度（門檻值）以上，特定的氣味分子與受體才會產生交互作用，並且被嗅覺辨識出來。氣味分子的濃度太低時，可結合的受體種類較少，相對地，當濃度升高時，可結合的受體種類也會增多。如此一來，低濃度下感受不到的氣味質地會因為濃度升高，因而可感受到嗅覺。這類在濃度高與低的狀態下氣味質地也隨之不同的分子，如表所示有幾種常見的種類（**表7－1**）。其中最著名的是吲哚（Indole）。吲哚在高濃度狀態下的氣味彷如糞便令人嫌惡，但是在低濃度時則搖身一變，成為令人聯想起小白花的甘甜香氣。事實上，茉莉花的氣味中就含有吲哚的成份，吲哚在呈現茉莉花獨特性格上扮演著重要的功能。

7-2 香氣的測定

氣味受質地與強度兩個因子左右，。每個人對氣味的喜好與感受性不同，所以很難客觀定義氣味的質地與強度。正因如此，這也是造成「氣味科學」研究進度大幅落後其他「感覺科學」的主要因素之一。

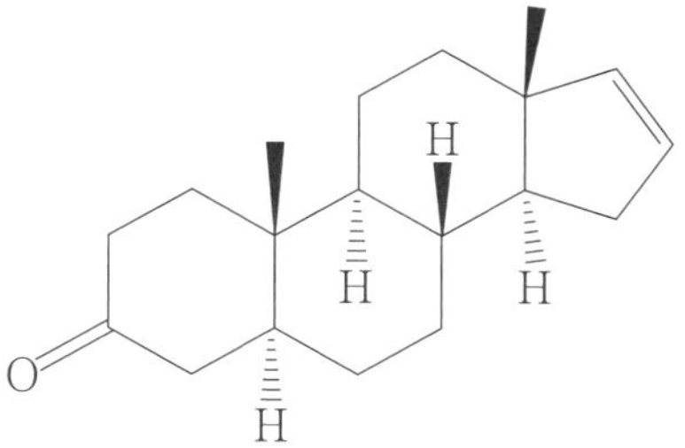

圖7-2 雄甾烯酮（androstenone）的化學構造

測量香氣物質的困難性

在前面談過了氣味的質地，但是如何正確測量氣味的質地難度很高。例如談到玫瑰的香氣，但是玫瑰分成許多種類，要建立一套衡量玫瑰香氣程度的量尺很困難。而且玫瑰所含的主要香氣成份2-苯乙醇（2-Phenylethanol）、香茅醇（Citronellol）以及香葉醇（Geraniol）的香氣濃度與對玫瑰花氣味近似度之間的關係該如何定義也很困難。經驗豐富的人能透過嗅覺區分這些成份的差異，掌握玫瑰的個性，但是這樣的經驗卻難以透過客觀的尺度呈現。此外，氣味的感受方式因人而異，這又是另一個棘手的問題。這種情形最具代表性的就是雄甾烯酮（androstenone）（**圖7－2**），它是人體汗水中所含的氣味分子，對這種分子的感受往往因人而異。有人認為雄甾烯酮帶有「汗水或小便般的臭味」，但是同樣對這種分子，有人則覺得「甜美帶著花香的芬芳氣息」。在此同時，也有人對雄甾烯酮分子沒有特殊感覺。看來，正如有些人在辨識色彩上有色覺障礙一樣，有部份人對氣味的感受也存在嗅覺障礙。好在嗅覺障礙對日常生活的影響不大，所以罕見有任何研究專門針對嗅覺障礙進行系統性的探討。到底有多大比例的人口存在嗅覺障礙，或者對氣味是如何的無感，這方面的研究依然十分欠缺。

蘋果與梨子的氣味是代表性的水果香味。**圖7－3**表示的是蘋果香氣分子「與水果氣味近似程度」的圖。這些數字是具有豐富辨別香氣經驗的專家進行判定所得的程度等級。同樣地，**圖7－4**是梨子香氣的判定結果。同樣代表果香，但兩者的香氣分子卻大不相同。此外，化學式也告訴我們，當蘋果香氣分子的化學構造愈精簡，水果香氣就愈豐富。相對地，梨子的香氣分子鏈愈長時，梨子果香的氣味就愈豐富。所以儘管我們可以區別蘋果與梨子的氣味差異，但是卻很難表達果香分子的相關特徵。

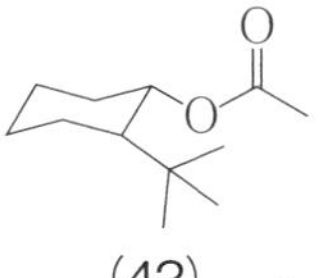

(42)

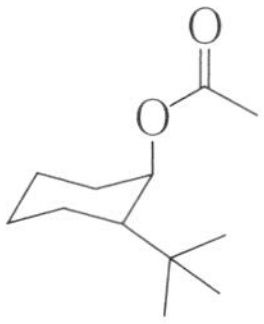

(31)

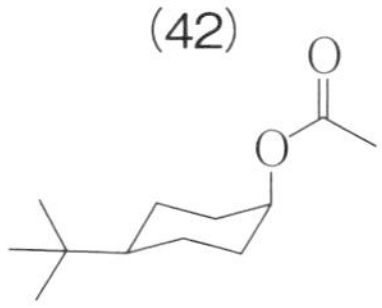

(14)

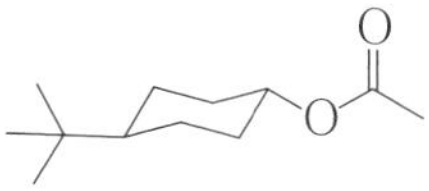

(7)

圖7-3 散發蘋果果香的香氣分子與水果氣味的近似程度（括弧內）

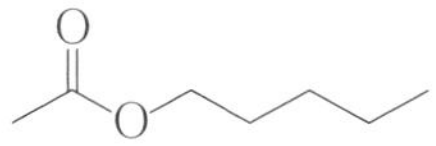

(100)

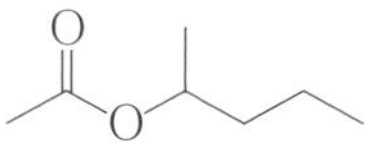

(34)

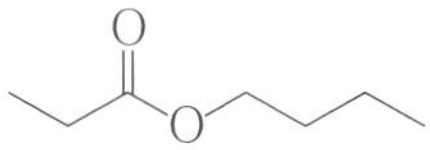

(92)

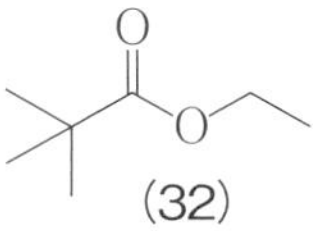

(32)

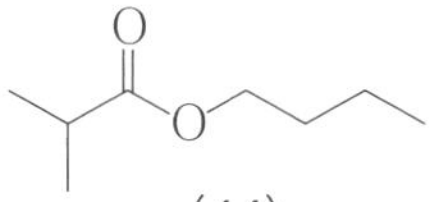

(44)

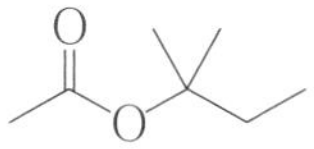

(0)

圖7-4 散發梨子果香的香氣分子與水果氣味的近似程度（括弧內）

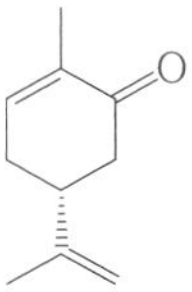

（－）-香芹酮

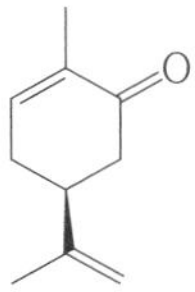

（＋）-香芹酮

壬醇

圖7-5 香芹酮的光學異構物與氣味

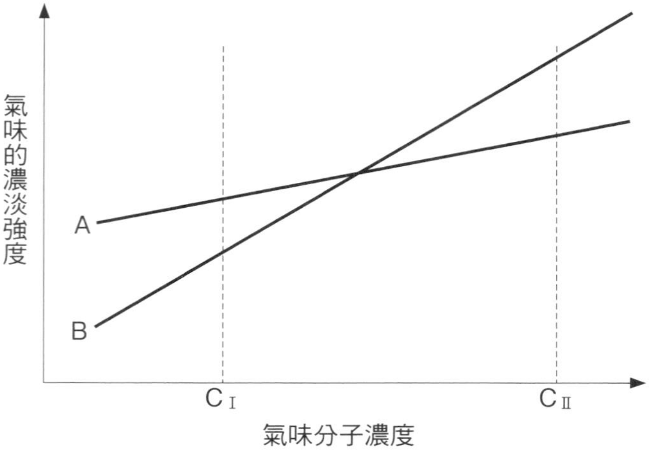

圖7-6 兩種不同的氣味分子，其濃度與氣味顯現濃淡之間的關係

圖7-5所示的香芹酮（Carvone）有兩個光學異構物。(−)-香芹酮帶有綠薄荷（spearmint）的香氣，(+)-香芹酮則飄散著少許甘甜酸味的葛縷子（Caraway）香氣。但是將(−)-香芹酮加上具有香茅油氣味（類似檸檬的柑橘類氣味）的壬醇（Nonanol）這種醇類時，就會產生非常近似(+)-香芹酮的氣味。在目前的知識中，仍無法預測多種分子同時存在時會對氣味的質地造成何種影響。這情形讓人遺憾，但目前仍然停留在單純仰賴經驗摸索的階段而已。

測量香氣的強度

氣味強度的測定看來雖似簡單，但實際則不然。在掌握氣味強度上最常用的方法就是前述的門檻值。**圖7-6**顯示了兩種氣味分子其分子濃度與感受到之後感覺強度的關係。在此圖中，感覺強度以對數呈現。若A與B的氣味分子變動性質如此不同時，在濃度C_I下A的氣味顯得比B強烈，但在濃度C_{II}時B顯現的氣味濃度又比A還濃郁。換句話說，分子呈現的氣味濃淡程度與分子濃度之間並不具絕對關係。

7-3 以機器設備測量氣味

解釋過為什麼氣味很難測定之後，我們知道站在客觀的立場，氣味不能仰賴人的感覺，必須透過機器才能客觀測定。正因如此，市面上有各種針對此目的所設計的機器。

前文中已說明過，我們可利用氣相層析法分析芳香精油中所含的各種分子。氣相層析法可算出各成份的分子會出現在什麼時間點揮發出來（滯留時間＝retention time），這時候只需將各滯留時間排出的氣味分子收集到管柱內，然後由人類嗅聞該分子的氣味，即可得到相關的氣味感覺資訊。這時還需事先準備好不同稀釋濃度的測定物質（例如稀釋倍數為2、2^2、2^3、2^4、……），以此，將聞不到氣味之濃度作為基準，其前一稀釋倍數即代表該分子的氣味強度。像這樣的裝置稱作「氣相層析嗅聞儀（gas chromatograph-olfactometer：GC－O）」。

圖7－7為島津製作所推出的「氣相層析嗅聞儀」。透過氣相層析儀上方的部份將氣味分子分離，然後去嗅聞箭頭指示的處所，進行味道的判定。

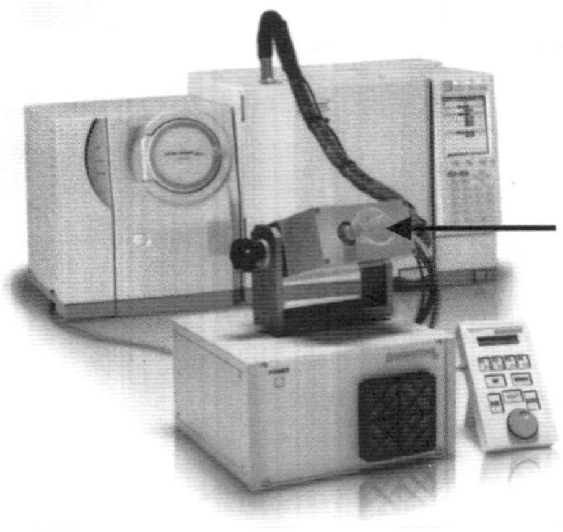

圖7-7 氣味嗅聞GC系統Sniffer-9000（島津製作所）

我們來看看利用這個裝置的分析結果（**圖7－8**）。上圖為氣相層析儀所得的結果。橫軸為滯留時間（單位為分鐘），縱軸代表該分子的濃度。測量氣體中混合有各種氣味，經過分析，清楚顯示出其中包含了檸檬成份的檸檬烯（limonene）、肥皂香料的辛醇（octanol）、糞便臭味的3－甲基吲哚（skatole）以及薄荷香氣的薄荷醇（menthol）等各種分子。下層為由實驗人員實際嗅聞氣味得到的官能實驗結果。

其中尤其引人注目的是3－甲基吲哚（skatole）與檸檬烯（limonene）的氣味。儘管檸

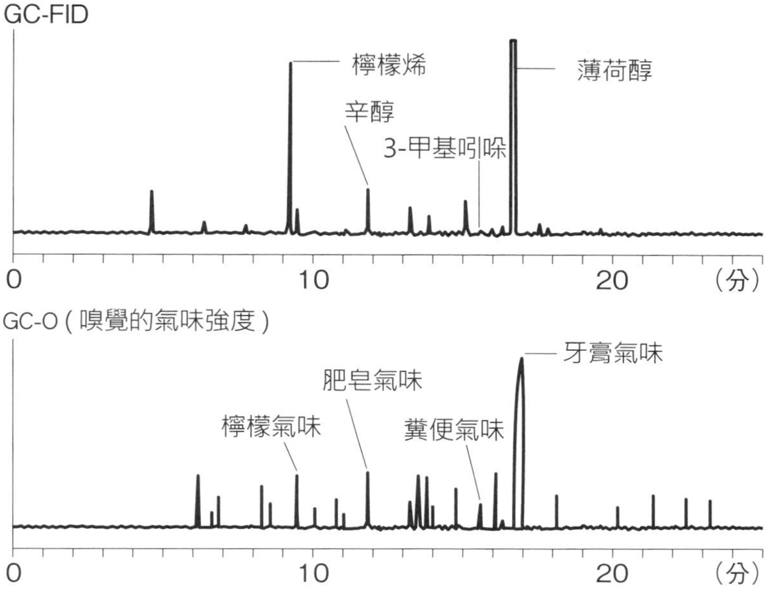

圖7-8 使用氣味嗅聞GC系統測定的結果
(http://www.an.shimadzu.co.jp/prt/snf/snf2.htm)

檬烯的含量相當多，但是氣味的強度顯然未成正比。相對地，3－甲基吲哚僅存在極少的量，但是人類嗅覺卻強烈感受到其糞便臭味。前面也談過，3－甲基吲哚（糞臭素）的量只要減少，對人類而言聞起來就變成甘甜的香氣。這樣的分析方法也稱作香味萃取稀釋分析（aroma extract dilution analysis：AEDA）。

利用各種感測器感知氣味，藉以代替人類鼻子的識別方法統稱為電子鼻（electronic-nose，簡稱E-nose）。電子鼻有各種形式，其

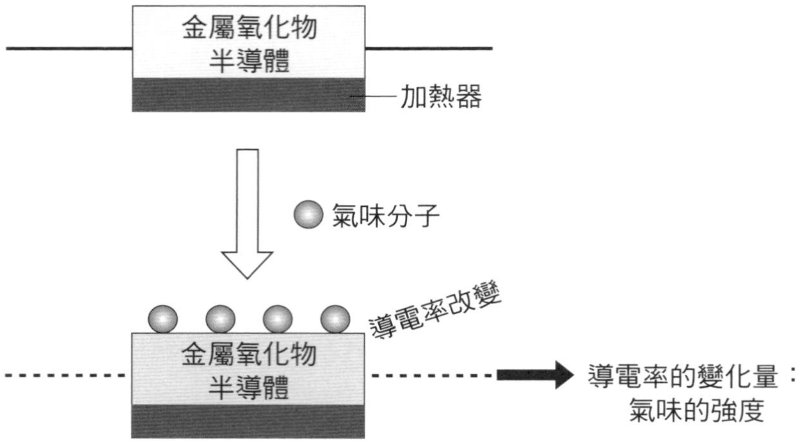

圖7-9 氣味感測器的原理

中常用的是**圖7－9**這款以薄膜型感測器吸附氣味成份的方式。薄膜上可使用金屬氧化半導體、有機半導體、水晶振盪器等等。若使用金屬氧化物半導體，薄膜吸附了氣味分子以後，薄膜的導電率會出現些許變化。測量這個變動結果即可測出氣味分子的量（氣味的強度）。這種感測器稱作氣味感測器。近來上市的空氣清淨機中有不少機型也安裝了氣味感測器，但這類感測器的氣味質地感測範圍較大。

人體擁有高達約四百種的嗅覺受體以判斷複雜的氣味。氣味感測器就是模仿人類的嗅覺受體，所以不能仰賴單一感測器來判斷所有氣味。這當中該如何組合各種感測器，是開發優質電子鼻上很大的問題。於是有研發人員將多

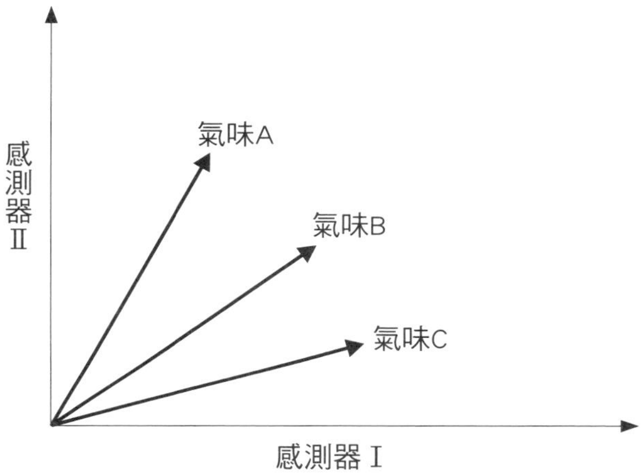

圖7-10 利用對多個氣味感測器的作用差異，判別質地不同的氣味

種感測器組合起來，嘗試正確判斷出氣味質地的差異。

例如在**圖7－10**中有三種感受強度相同的氣味，透過兩個性質不同的氣味感測器Ⅰ與氣味感測器Ⅱ，即可按照各自吸附的氣味程度辨識出三種不同的氣味分子。這個有效的方式只要增加感測器的數目，電子鼻就可能像人類一樣地感受氣味，客觀測量。只不過目前電子鼻的能力仍然遠遠落後於人體。

圖7－11顯示的是電子鼻辨別氣味與人類鼻子辨別氣味時的對應關係。基本上，辨別氣味包括兩個過程，一是感測氣味，一是將相關資訊整合起來創出氣味的感覺。前提是電子鼻的感測能力必須足以與人類嗅覺受體匹敵才

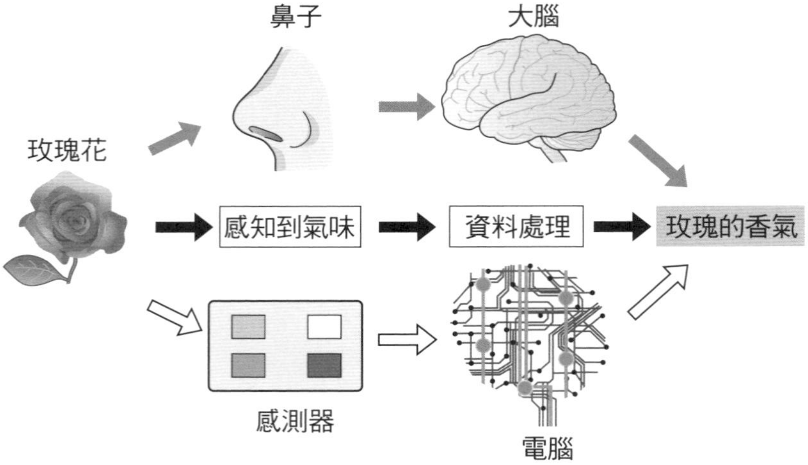

圖 7-11 辨識氣味——人類對決電腦

行。除此以外，還需要設計一套演算法，以足夠根據多種感測器的輸出資訊，判定香氣的質地。目前已經有研究人員嘗試利用嗅覺受體蛋白質開發感測器。另一方面，資料的處理可仰賴人工智慧的技術。一旦這些問題獲得解決，未來或許就能開發足以與人類鼻子匹敵（甚至超越）的電子鼻。

第8章

來自大自然的香氣分子

掌握氣味的質地與特性，首先必須了解氣味的化學構造。目前很遺憾，人類的知識尚未發展到光看氣味分子的化學構造即可了解氣味內容的程度。不過，我們知道所有關於氣味的訊息其實都蘊含在其化學構造中。

本章中將簡單介紹氣味分子的化學構造與氣味之間的關係。對於過去若未曾思考過化學構造與氣味有關係的讀者，在讀過本章後多少可了解化學構造的哪些特徵與氣味之間有什麼關係（希望讀者們能了解）。但是若不喜歡化學的讀者對於本章只需稍微瀏覽即可。這麼一來，若在未來讀者重拾本書重新閱讀時，對化學構造的抗拒感應該會大幅降低。

8-1 來自植物的香氣分子

本節將介紹幾種來自大自然之氣味分子的化學特徵。在我們的日常生活中，經常有機會接觸到來自植物的香氣分子。我想也有許多讀者對於來自植物的芳香精油以及芳香療法感到興趣。在日本，芳香療法師資格的檢定考試是由好幾個民間團體舉辦。

在這類檢定考試中，考試的參加者必須實際聞數種芳香精油的香味，回答該香味的種類。因此我們針對測驗經常出現的芳香精油，看看其中含有哪些代表性的氣味分子，以及其化學構造的特徵。為了配合書籍的版面，我挑選了十九種的芳香精油介紹（皆出自二級資格考試的試題）。

在卷末的表中列出了這些芳香精油所含氣味分子的種類與質量，而且原則上只表列出含量達百分之一以上的成份。這些數值摘錄自蒂瑟蘭德（R. Tisserand）與揚格（R. Young）所出版的《精油安全：醫療保健專業人員指南》（*Essential Oil Safety: A Guide for Health care Professionals*）（Churchill Livingstone, 二〇一四）一書。這些香氣有的有成份添加比例的範圍限制，有些則沒有。本節中所列出的數值都是概要性的數值。得自植物的成份會因為氣候與土地的差異，成份內容大幅不同。讀者可將其中數值較大的成份視為是主成份。

●柑橘類的香氣（柑橘類〔citrus〕分子）

柑橘類的氣味是一種柑橘類新鮮而清爽的香氣。這類香氣分子主要存在柑橘類植物中，但像是迷迭香（rosemary）與洋甘菊（Chamomile），也都含有柑橘類分子。此處將介紹最具代表性的檸檬烯（Limonene）、檸檬醛（Geranial）、橙花醛（Neral）、松油烯（Terpinen）以及異丙基甲苯（cymene）。

(+)-檸檬烯 (+)-imonene

檸檬烯廣泛存在於甜橙（Citrus sinensis）、杜松子、茶樹、薄荷、尤佳利、檸檬、迷迭香、佛手柑、乳香、橙花中，是檸檬烯類的代表性芳香分子，也是從柑橘類搾取所得之芳香精油的主要成份。檸檬烯是單純由碳原子與氫原子構成的碳化氫，其雙鍵結構是香氣的來源。在檸檬烯分子內有一個不對稱碳原子，所以可能存在兩個光學異構物。來自天然的檸檬烯大部分為(+)體。清楚標示不對稱碳原子的絕對立體構形的檸檬烯也稱作(*R*)-(+)-檸檬烯。(+)體帶有清爽且甘甜的柑橘香氣，相對地光學異構物的(−)體則飄散著松木或香草氣味的松節油香氣。若雙鍵的位置改變，還會變成水芹烯（phellandrene）分子。

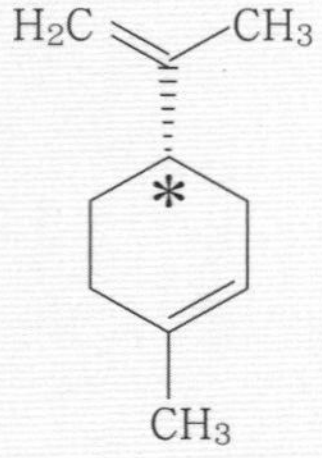

檸檬醛 geranial以及橙花醛neral

這兩個分子互為幾何異構物關係。有時這兩者會合稱做檸檬油醛（citral），將檸檬醛稱作反式檸檬醛，橙花醛稱作順式檸檬醛。這些分子具有醛基，但卻沒有醛基特有的氣味，反而散發著檸檬或檸檬草所含的柑橘類香氣。在芳香精油中會將兩者混合使用，以檸檬醛做為主成份。這兩者都屬於散發檸檬香氣的柑橘類，但是橙花醛的香氣則略帶甘甜的感覺。

檸檬醛

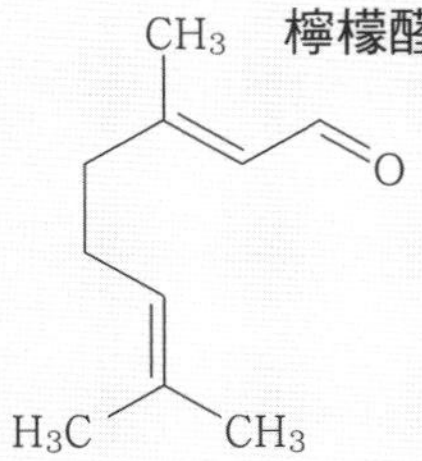

橙花醛

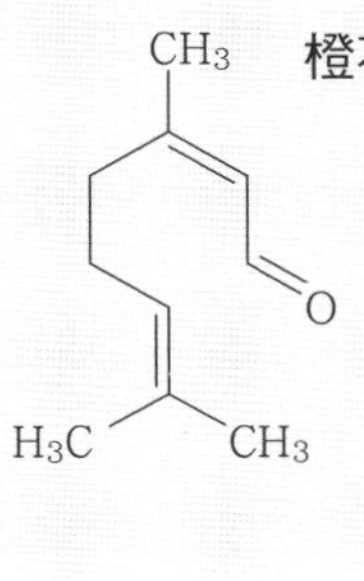

γ-萜品烯 γ-terpinen

γ-萜品烯是檸檬、佛手柑、茶樹以及迷迭香所含的柑橘香氣分子，帶有香草般的氣味，是單純由碳原子與氫原子構成的碳化氫，其雙鍵結構有助於香

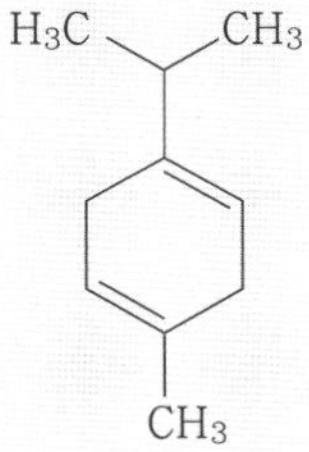

γ-萜品烯

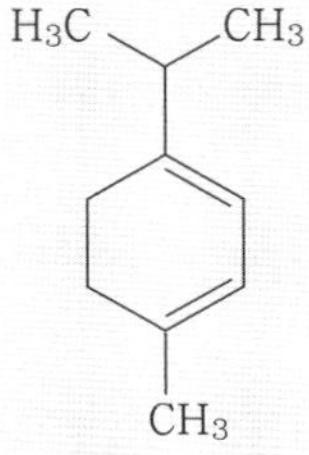

α-萜品烯

氣的產生。不同的雙鍵位置會產生γ以外的α與β的位置異構物。其中，α－萜品烯存在於茶樹與洋甘菊中，帶有檸檬氣息的木材香草香氣。

P-異丙基甲苯　p-cymene

P－異丙基甲苯在苯環上與甲基（$-CH_3$）以及異丙基（$-CH(CH_3)$）鍵結在一起。此化合物名稱的前面加了字母p（para），意味著二個置換基鍵結在苯環的相對側。不同的置換基鍵結方式還會產生o－異丙基甲苯以及m異丙基甲苯兩個位置異構物。o與m分別稱做鄰位（ortho）與間位（meta）。茶樹、尤佳利、迷迭香以及乳香中就含有P－異丙基甲苯。其氣味基本上是一種帶有松節油般的木材香氣，同時還混有很微弱的柑橘香氣。

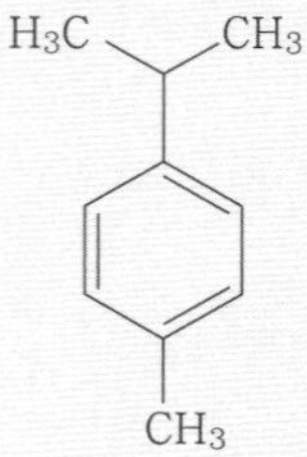

●花香（花香類分子）

花香類的香氣分子存在各種花朵的香味中，其香氣帶有甘甜華麗且讓人連想到美麗花朵特質是最大特徵。花香類的分子種類豐富，也是在調製香水上使用頻率很高的香氣分子。本節將介紹芳樟醇（linalool）、乙酸沉香酯（Linalyl acetate）、乙酸苄酯（Benzyl acetate）、香葉醇（Geraniol）、橙花醇（Nerol）、香茅醇（Citronellol）、2-苯乙醇（2-Phenylethanol）、乙酸薰衣草酯（Lavandulyl acetate）、丁香油酚（Eugenol）、金合歡醇（farnesol）、沒藥醇（bisabolol）、苯甲醇（benzyl alcohol）以及植醇（Phytol）。

芳樟醇 linalool

芳樟醇分子不僅存在依蘭、天竺葵、茉莉花、橙花、玫瑰等中，也廣泛存在薰衣草、迷迭香、佛手柑、乳香中。芳香醇分子有一個羥基與二個雙鏈，是直鏈狀構造的醇。由於分子內存在一個不對稱碳原子，所以有兩個光學異構物。柑橘油中存在(+)體，檸檬油或薰衣草油中則存在(−)體。兩邊都呈現薰衣草的香味，但(−)體為略帶木材氣味的強烈薰衣草香氣，(+)體則帶著甘甜如花朵般的苦橙葉（Petit grain）氣味。不論是哪種，都給人一種鈴蘭般沈穩的花朵香氣感覺。

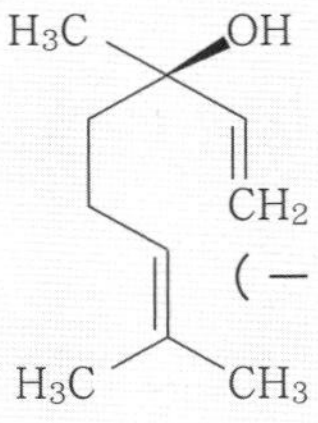

（−）體

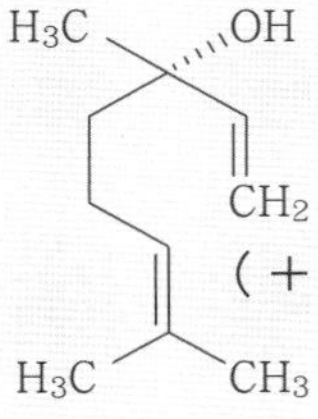

（+）體

乙酸沉香酯　Linalyl acetate

乙酸沉香酯分子是將前面的芳樟醇的羥基與乙酸脫水聚合所得到的酯類。由於芳樟醇擁有不對稱碳原子，所以乙酸沉香酯也有兩個光學異構物。(*R*)體（(−)體）帶有綠葉的清新氣味，(*S*)體（(+)體）則帶有甘甜、柑橘風味的薰衣草或佛手柑般的香氣。乙酸沉香酯為薰衣草與佛手柑的主要香氣，也是橙花的成份之一。

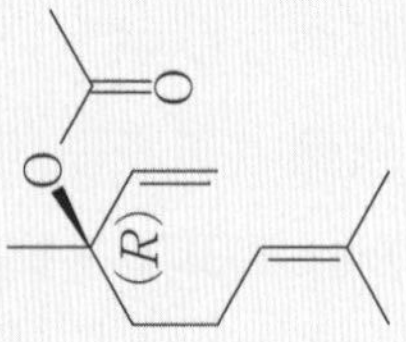

乙酸苄酯　Benzyl acetate

乙酸苄酯是將苯甲醇（Benzyl alcohol）與乙酸脫水縮合而得，帶有甘甜的茉莉花般香氣。不僅在依蘭、茉莉花、梔子花、風信子這些花朵中可見到乙酸苄酯的成份，也存在草莓、蘋果等果實中。

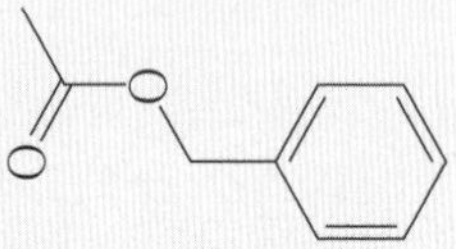

香葉醇 geraniol以及橙花醇 nerol

香葉醇與橙花醇在右上雙鍵部份存在幾何異構物的關係，香葉醇為反式體（cis），橙花醇為順式體（trans），兩者都是醇，其羥基與雙鍵都有香氣效果的泉源。香葉醇具有玫瑰芬芳的花朵香氣，同時也含有幾分柑橘的氣味。

橙花醇雖然也散發著玫瑰的甘甜氣味，但是比較接近橙花與辛夷的香氣。天竺葵、玫瑰、橙花的氣味中也含有香葉醇分子。橙花醇分子則存在於玫瑰、橙花的氣味中。

香葉醇

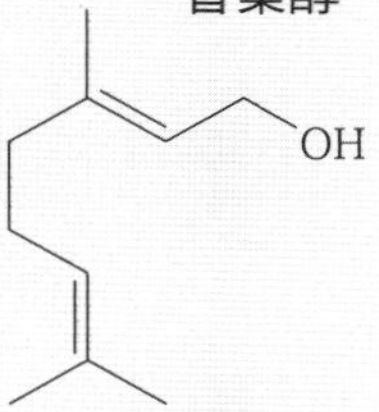

橙花醇

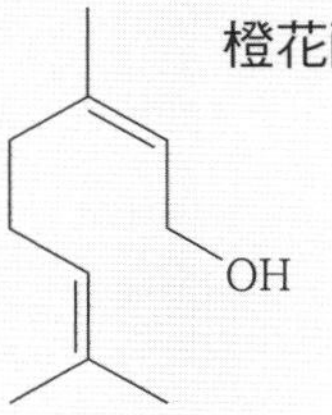

香茅醇 Citronellol

香茅醇有不對稱碳原子，是帶有兩個光學異構物的醇。其香氣源自於羥基與雙鍵的結構。(+)香茅醇除了散發著玫瑰花朵般的氣味外，還帶有些許油脂的氣味感覺。在天竺葵、玫瑰以及香茅的氣味中都含有(+)香茅醇的成份。(−)香茅醇又被稱為玫瑰醇（Rhodinol），飄散著一股讓人聯想起天竺葵的玫瑰優雅香氣。

（+）體

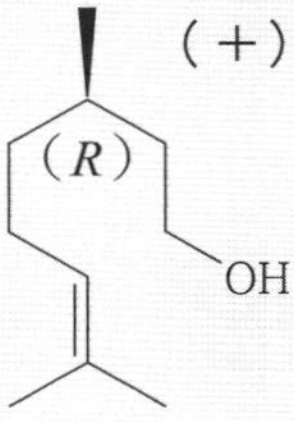

2-苯乙醇　2-Phenylethanol

2－苯乙醇也被稱作β－苯乙醇。物如其名，是一種屬於醇類的物質，氣味來自於苯環（若被當作官能基時，則稱作苯基）與羥基的結構。此2－苯乙醇為玫瑰香氣的重要成份，尤其是在玫瑰的純香（Absolute）中幾乎佔了百分之七十。

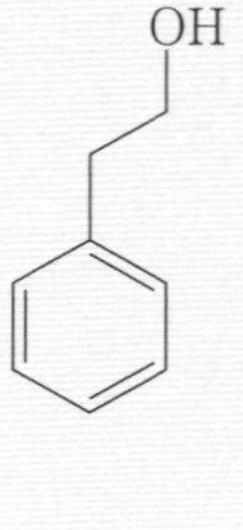

乙酸薰衣草酯　Lavandulyl acetate

乙酸薰衣草酯是薰衣草醇（lavandulol）與乙酸脫水縮合而成的酯。薰衣草醇有兩個光學異構物，大自然中以(*R*)體為多。乙酸薰衣草酯帶有薰衣草或佛手柑的香氣，在薰衣草中也含有此分子。

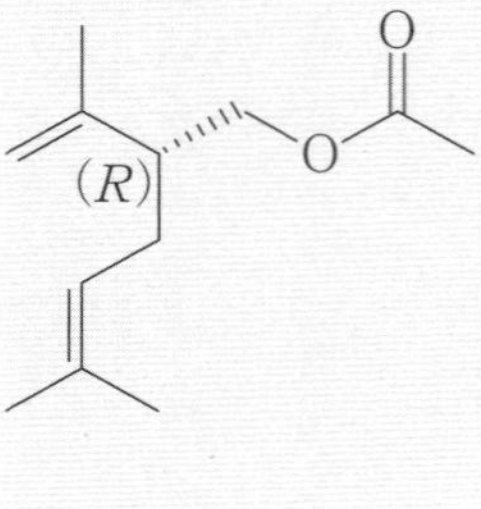

丁香油酚　Eugenol

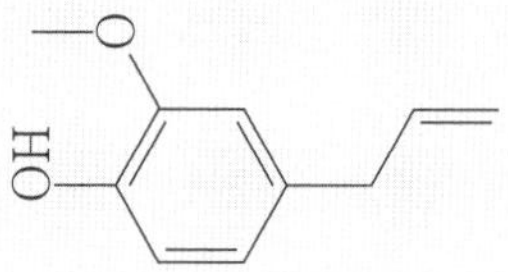

丁香油酚是一種醇，分子內存有羥基、醚基（ether）、雙鍵以及苯基（Phenyl）。雖然有羥基、甲氧基（$-OCH_3$）以及烯丙基（Allyl）（$-CH_2-CH=CH_2$）位置關係不同的位置異構物，但是丁香油酚中的構形如下圖所示。丁香油酚帶有甘甜、芬芳的康乃馨般的香氣。玫瑰、茉莉花等花朵中都含有丁香油酚。

E, E－金合歡醇　E, E-farnesol

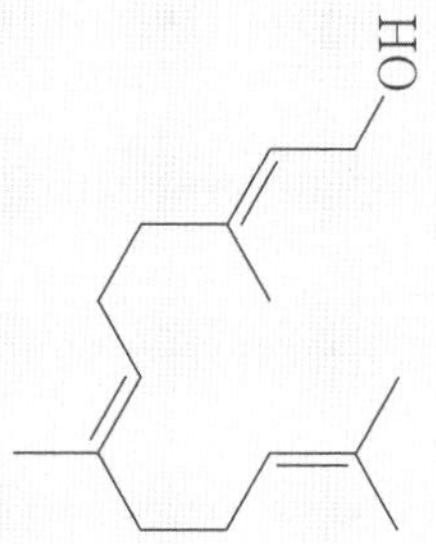

E, E－金合歡醇屬於醇的一種，是相對於兩個雙鍵有反式體的幾何異構物。羥基與雙鍵與香氣的散發有關，會產生鈴蘭、百合般的甘甜花朵香氣，同時也讓人聯想到蠟的的氣味。玫瑰、橙花、檀香木、依蘭等都含有*E, E*－金合歡醇分子。

α-沒藥醇 α-bisabolol

α-沒藥醇擁有羥基、雙鍵以及環己烯（cyclohexene），這些結構都與香氣的產生有關，帶有乾淨彷如胡椒般風韻的淡淡花香。檀香木、德國洋柑橘等都含有α-沒藥醇分子。此分子內有兩個不對稱碳原子，所以可存在合計四種的光學異構物。其中一個光學異構物為(−)-epi-α-沒藥醇分子，有文獻報告藥用鼠尾草、檀香木中含有此分子，但是沒有資料顯示其與香氣之間的關係。β體為羥基的位置異構物，在自然界中雖然不存在，但具有中度的檸檬類柑橘的甘甜香氣。

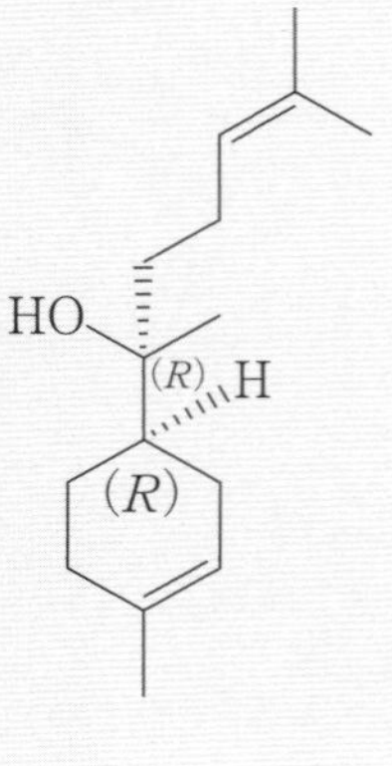

苯甲醇 benzyl alcohol

此分子擁有苯基與羥基，這樣的結構帶有玫瑰的香氣，同時也會產生樹脂調（Balsamic Facet）的中度花香味。苯酚（phenol）為苯環上直接鍵結了羥基的分子，不過帶有苯酚的氣味。凡是做過有機化學實驗的人應該對苯酚的氣味都有印象，但若不曾聞過苯酚

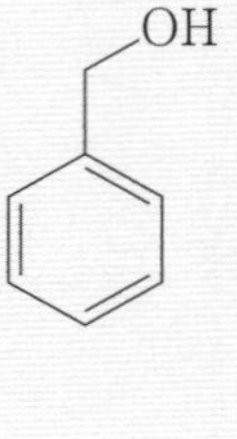

氣味的人就很難光靠文字說明是什麼感覺。因此或許可打個比方來說明，苯酚的氣味就像是乍聞到風信子花朵時，有一股塑膠般的有機化合物的氣味。苯甲醇為安息香（benzoin）主成份的一種，在風信子花純香（absolute）中，苯甲醇分子的含量佔將近百分之四十。

植醇 Phytol

植醇為長直鏈狀的分子。因為含有兩個不對稱碳原子與一個雙鍵，所以可能存在八種的異構物。不過自然界中的植醇大部分是圖中所示的異構物。植醇的香氣雖然微弱，但帶有花朵與樹脂的香氣。另外，也會讓人聯想到粉末或油脂的感覺。茉莉花中含有大量的植醇，葉綠素在分解時本身也會生成植醇分子。

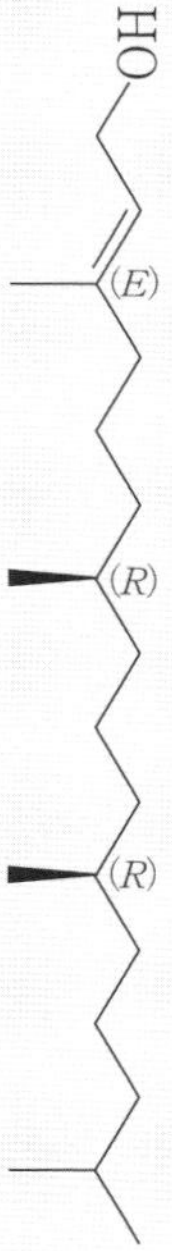

●芳香性樹脂類的甘甜香氣〔香脂類〔Balsamic〕分子〕

樹脂調的香味很複雜，不同的人聞了以後感受各不相同，它是一種甜蜜、柔和而且溫暖的香氣。本節將介紹最具代表性的苯甲酸苄酯（benzyl benzoate）、香草精（Vanillin）、香豆素（coumarin）以及桂皮酸（cinnamic acid）。

苯甲酸苄酯 benzyl benzoate

苯甲酸苄酯是依蘭、茉莉花以及安息香（benzoin）濃厚甘甜香氣的來源，同時也是香脂類（Balsamic）氣味的主要成份。苯甲酸苄酯分子是由苯甲酸與苯甲醇（benzyl alcohol）脫水縮合而成酯。它的香氣帶著甘甜香脂般的香草芬芳。

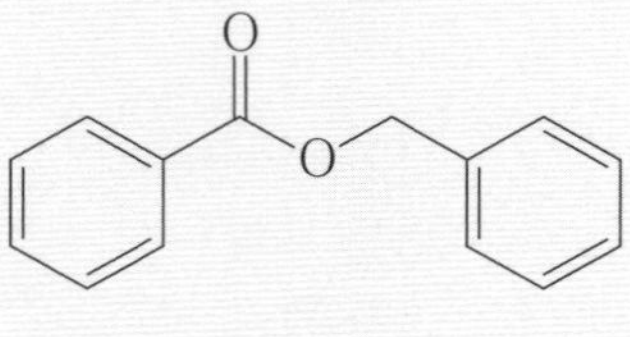

香草精 Vanillin

在本書最後的芳香精油中幾乎都不含香草精的成份，但是香草精帶著香草香甜的氣息，適中的香氣濃度令人想到奶油巧

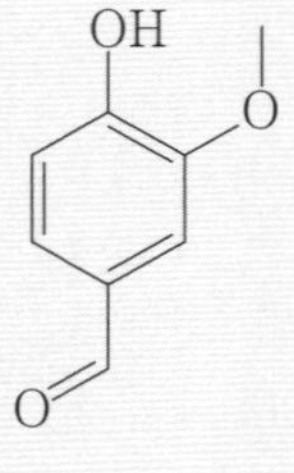

克力的氣味。分子內含有創造香氣的羥基、醛基、醚基以及苯基。香草豆、香脂（balsam）都含有香草精。

香豆素 coumarin

香豆素同樣未出現在本書最後的表中，但是同樣歸類為香脂類分子。在本書前文中說明過香豆素是櫻花樹葉的成份，在分子內存在苯環與內酯環，帶有中強度、讓人聯想甘甜的櫻花氣味或者是曬乾的草的氣味。

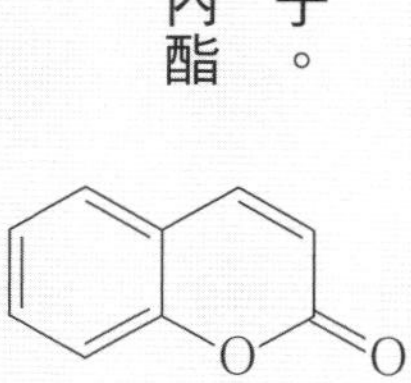

桂皮酸 cinnamic acid

存在於安息香中的桂皮酸分子中，相對於苯環外側雙鍵位置有兩個幾何異構物。在大自然中存在的是(E)體的桂皮酸，並不存在(Z)體。

桂皮酸帶有甜甜的、香脂的微弱香味。

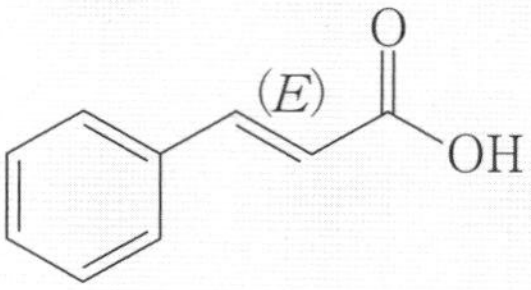

●讓人聯想到藥草的香氣（香草〔Herbal〕類分子）

藥草類的香氣分子帶著讓人想起藥草的氣味。本節將介紹具有代表性的α－蒎烯（α-Pinene）、冰片（Borneol）、樟腦（camphor）以及1,8－桉樹腦（1,8-cineole）。

α－蒎烯　α-Pinene

由於α－蒎烯具有兩個不對稱碳原子，因此可能出現四種光學異構物的結構。圖中顯示的是兩種存在於自然環境的光學異構物。有時這些光學異構物會混合地存在芳香精油中（稱作消旋體〔racemate〕）。α－蒎烯呈立體的圓形構造，(+)體散發著松節油般，芳香而略帶薄荷氣息的中強度氣味。(−)體則呈現較為鮮明，溫潤新鮮松脂般的中強度氣味。以一比一的比例混合(+)體與(−)體而成的混合物（消旋體）時，氣味會變得更為強烈，洋溢著新鮮樟腦甘味，然後逐漸產生松脂的氣味或木材類的香草氣息。

α－蒎烯是杜松子香味的主要成份，在茶樹精油、尤佳利、檸檬、迷迭香、佛手柑、羅馬洋甘菊（Chamaemelum nobile）等

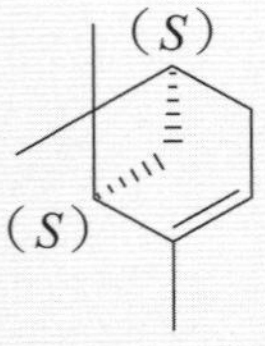

(−)-α-蒎烯

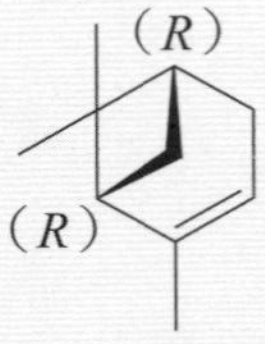

(+)-α-蒎烯

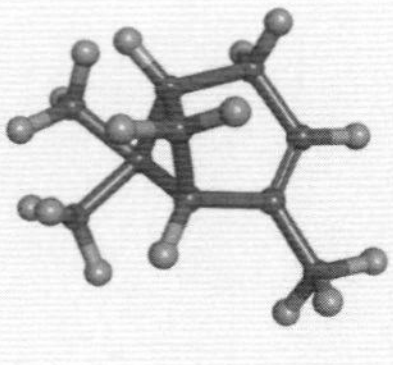

的芳香精油中都含有豐富的α－蒎烯分子。

在大自然中也存在雙鍵位置不同的β－蒎烯。其氣味有如乾燥木材的木質味以及松脂與乾草的氣味，聞了讓人彷如置身綠色的大自然中，氣味強烈。在杜松子、薄荷、檸檬、迷迭香、佛手柑、乳香、橙花等多種芳香精油中都含有β－蒎烯分子。

冰片 borneol

冰片有三個不對稱碳原子，可存在共計8個光學異構物，但由於具備圖示的六環連接相對碳原子的架橋構造，所以僅存在四個光學異構物。大自然中存在(−)體與(+)體，(+)體是(−)體的鏡像體。這個分子的結構立體複雜，圖示極為其立體結構。冰片的(+)體飄著松脂或樟腦氣味加上泥土般（earthy）氣息的中強度香脂類（Balsamic）香氣。另外，(−)體帶有松脂或樟腦以及胡椒的氣味，

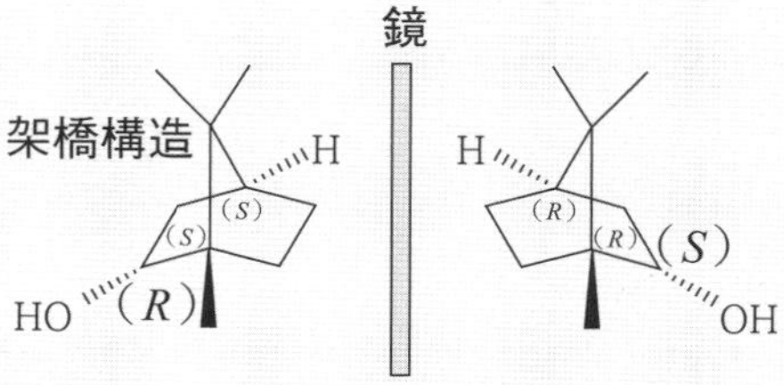

(−)-冰片　(+)-W5

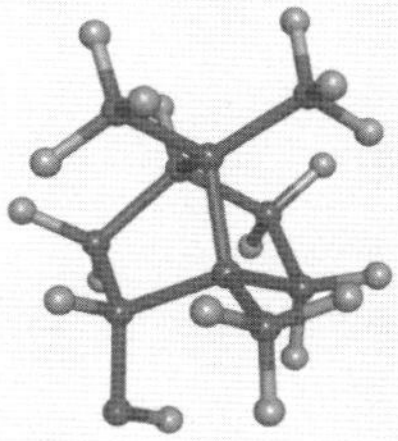

再加上木材氣味的中強度的香脂類氣味。薰衣草、迷迭香、羅馬洋甘菊等都含有冰片成份。尤其在薰衣草與龍腦香（Dryobalanops aromatica）含有大量的(−)體冰片。也因此冰片又被稱為龍腦。

樟腦 camphor

樟腦也就是莰酮。自古以來樟腦就被當作防蟲劑使用。樟腦的化學構造與冰片非常類似。樟腦有兩個不對稱碳原子，但由於具有架橋結構，所以只有兩種光學異構物。自然界存在的是(+)樟腦，(+)樟腦呈現的正是樟腦特有的香氣。(+)體的鏡像體(−)同樣也顯示著樟腦的氣味，但其氣味強度較弱，屬中度而已。樟腦分子雖然也是迷迭香的主要成份之一，但樟腦分子的主要來源還是仰賴樟樹。有些薰衣草也含有樟腦分子，那股氣味特徵明顯，一聞馬上可辨識出來。

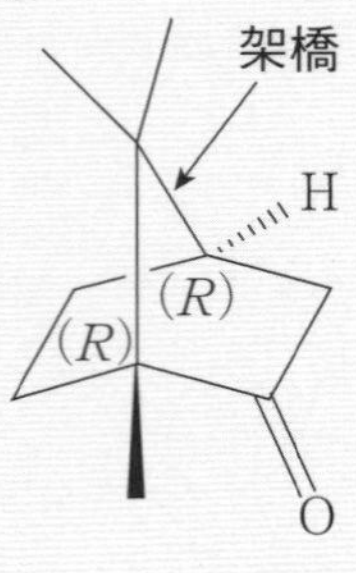

1,8-桉樹腦　1,8-cineole

1,8－桉樹腦也稱作桉葉油醇（Eucalyptol），是尤佳利精油的主要成份。其化學結構如圖所示，架橋部份的構造帶有氧原子。這個醚原子與架橋結構正是香氣的來源。1,8－桉樹腦的氣味強烈帶著讓人想起尤佳利氣味的香草特徵，而且也帶有樟腦般的氣味。在先前的例子裡可見到，凡是帶有架橋結構，該分子就會產生樟腦的氣味。1,8－桉樹腦是尤佳利、同時也是迷迭香的主要成份，茶樹、薄荷等也都含有1,8－桉樹腦分子。

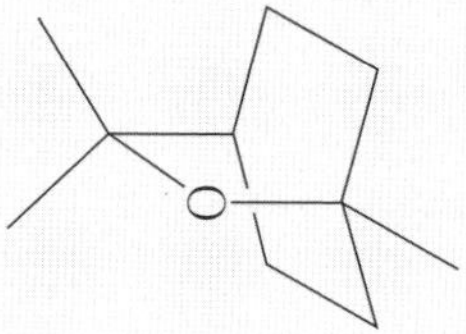

●薄荷調的香氣（薄荷類分子）

薄荷類分子具有薄荷特有的新鮮清涼氣味，是一種大部分人都能明顯感受到的氣味分子。這一節將談到薄荷腦（menthol）、薄荷酮（menthone）以及乙酸薄荷酯（Menthyl acetate）。從這幾種化合物的名稱中都帶有薄荷兩個字，顯示這三種分子彼此非常相似。

(−)-薄荷腦（l）menthol

(−)薄荷腦分子是薄荷（peppermint）的主要成份，也就是薄荷氣味的來源，大部分人都能辨識該氣味。(−)薄荷腦分子的環己烷（cyclohexane）上結合了羥基、異丙基（−$CH(CH_3)_2$）以及甲基，擁有三個不對稱碳原子，所以可能存在八個光學異構物，但是薄荷等只含有(−)-薄荷腦，氣味強烈，充滿清涼感。其鏡像體(+)-薄荷腦則沒有清涼的氣味。

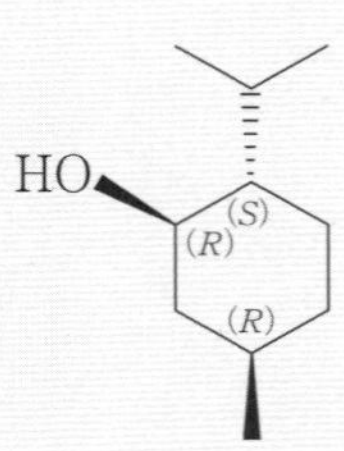

薄荷酮 menthone

將(−)薄荷腦分子的羥基置換成羰基（−C=O）就成為薄荷酮。薄荷酮有兩個不對稱碳原子，所以可能存在四個光學異構物，但是存在於大自然中的薄荷酮都是(−)薄荷酮。由於包含了羰基，所以薄荷氣味的強度會降低到中度，其中混合著藥草或樟腦般的氣味。其鏡像體(+)體也帶有中度的薄荷類香氣。薄荷酮是薄荷的主要成份之一。

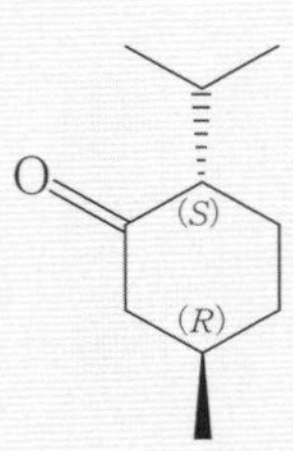

乙酸薄荷酯　Menthyl acetate

乙酸薄荷酯是由(−)薄荷腦與乙酸脫水縮合而得，其中導入了酯基，所以為薄荷香氣增添了果香以及花朵般的花香味。乙酸薄荷酯有三個不對稱碳原子，可能存在八種的光學異構物，但是大部分的(−)−乙酸薄荷酯存在大自然當中。這種分子也存在薄荷當中。

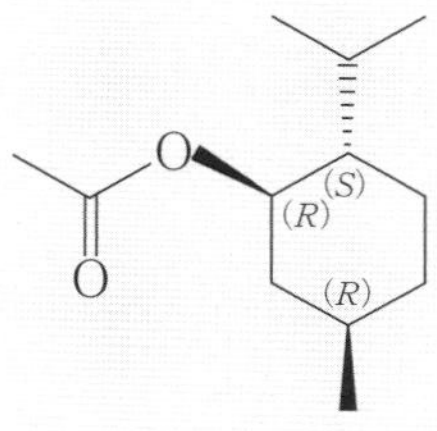

●木香味（木質調分子）

木香味是一種讓人聯想到木材的氣味。在本節中將介紹木質調的代表性分子β−石竹烯（beta-caryophyllene）、大根香葉烯D（Germacrene D）、α−檀香醇（santalol）以及檜烯（Sabinene）的化學特性。

β−石竹烯　beta-caryophyllene

β−石竹烯的構造與前文介紹的氣味分子很不一樣。它是透過兩個碳原子共有九個碳原子構成的環以及四個碳原子構成的環（稠環〔fused ring〕）。由於有兩個不對稱碳原子形成光學異構物，以及在九員環內雙鍵周邊的幾何異構，因此可能存在合計八個同分異構物（isomer），但是天然的β－胡蘿蔔素如圖所示呈現複雜的立體結構，有絕對立體構形與反式構形。這個立體構造與雙鍵就是β－胡蘿蔔素氣味的祕密。這個分子帶有一絲甜味、瀰漫著乾燥木材與辛香料的氣味，中強度的氣味有如喜馬拉雅雪松的味道。這個氣味有時被歸類為辛香料類。這個分子廣泛存在於依蘭、薰衣草、杜松子、天竺葵、薄荷、迷迭香、乳香以及玫瑰等的芳香精油中，帶來木香味。

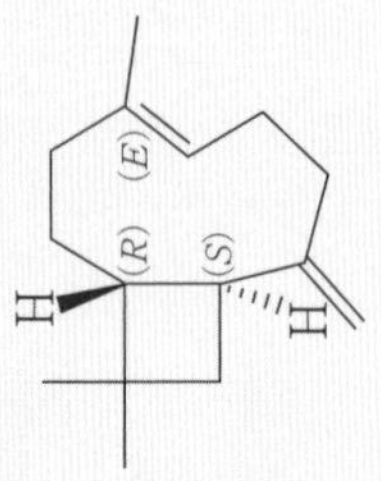

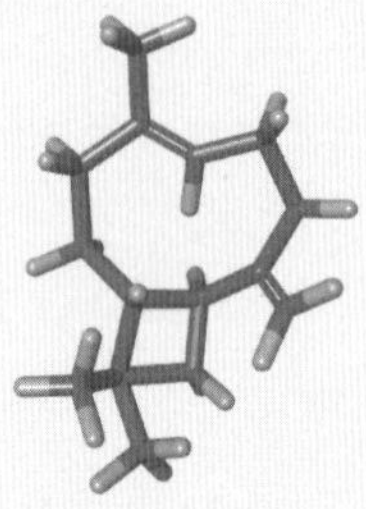

大根香葉烯　D Germacrene D

這個分子內有一個不對稱碳原子與兩個雙鍵，因此合計可存在八種異構物，但是(E)－大根香葉烯大部分存在於自然當中。大根香葉烯D帶有辛香料的中度木質氣味。依蘭完全（complete）

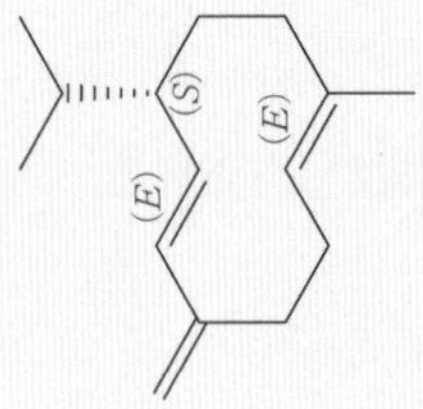

精油的主要成份就是大根香葉烯D。所謂的完全精油，是指包含了水蒸氣蒸餾從一開始到最後階段萃取出之所有成份的芳香精油。在水蒸氣蒸餾的初期階段以酯的成份為多，到了最後階段則含有大量的大分子量碳化氫（倍半萜（Sesquiterpenes）類）。

除了依蘭外，杜松子、天竺葵、薄荷等都含有大根香葉烯D。

α-檀香醇　α-santalol

這種氣味分子就是檀香木的主要成份。α-檀香醇同時具有冰片般的架橋環狀構造以及芳樟醇般的鏈狀結構。環狀構造的部份有三員環，在分子內有變形的結構。直鏈部份則對著雙鍵，存在順式的幾何異構物，而非反式的幾何異構物。分子內存在四個不對稱碳原子與一個雙鍵，所有可存在三十二種的異構物，在大自然中主要存在的都是圖示般的構造。α-檀香醇的立體構造如

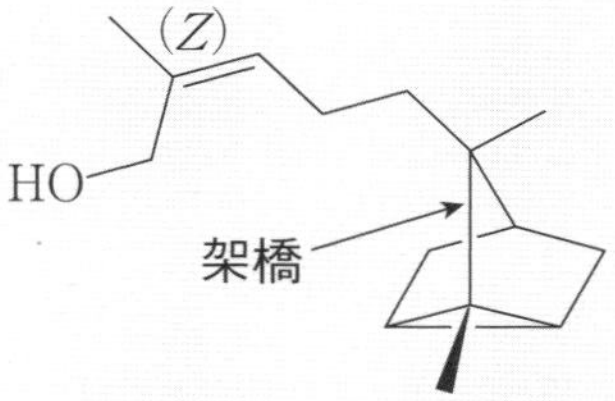

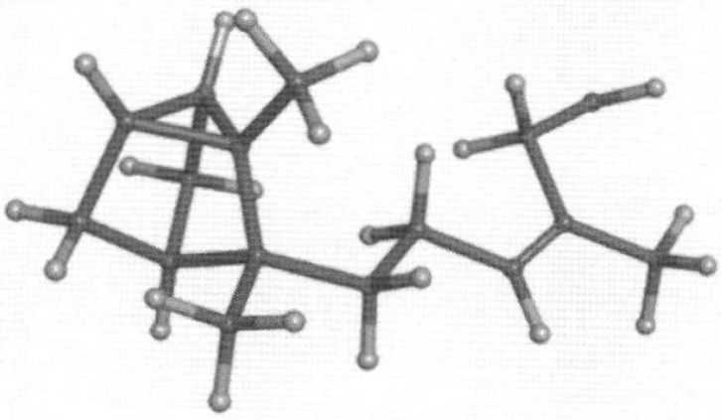

圖所示。這個獨特的環狀構造與羥基構成了檀香木特徵明顯的木質香氣。在大自然中也存在少許有三員環與不含甲基的β-檀香醇。這個異構物的氣味也屬於木質調，但似乎沒有檀香木特有的香氣（筆者從沒聞到過）。檀香醇多存在檀香木中，是檀香木獨特香味的來源。

檜烯 Sabinene

檜烯有兩個不對稱碳原子，可得四個光學異構物，但是天然的檜烯為圖示的(+)體。檜烯有架橋構造，含三員環，會產生中度的木質香氣，同時也帶有香料以及柑橘類的氣味。此外，也會讓人聯想到松節油或松木的香氣。甜橙、杜松子、佛手柑、乳香、橙花中也都含有檜烯分子。

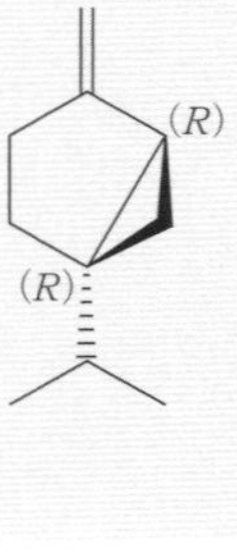

●香辛料調的香氣（辛辣調分子）

香辛料類分子帶有刺激性香料般的氣味，讓人聯想到中東或東南亞充滿異國情調的氣氛。本節將介紹一般芳香精油常見的香辛類分子：β－月桂烯（myrcene）、萜品烯－4－醇（terpinen-4-ol）以及歐白芷酸異丁酯（isobutyl angelate）。

β－月桂烯　myrcene

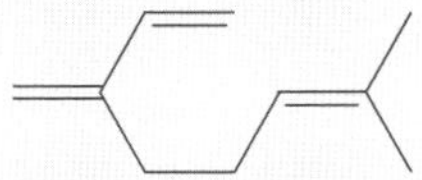

月桂烯有α－月桂烯與β－月桂烯，但一般在談月桂烯時，指的是β－月桂烯。釀造啤酒使用的蛇麻草，其氣味所含的松脂般氣味就是得自月桂烯。β－月桂烯為含有多個雙鍵的碳化氫鏈，它擁有松節油或胡椒氣味般的木質調，同時具有強烈香料的氣味。甜橙、杜松子、佛手柑、乳香、橙花、迷迭香都含有此分子。烏樟（Lindera umbellata）、柳葉木蘭（Magnolia salicifolia）、檜木等樹木都含有此分子，這個分子是香氣的泉源。由於月桂烯是氣味強烈的分子，所以只需少量就能左右整體的氣味，扮演著重要角色。

萜品烯－4－醇　terpinen-4-ol

此分子含有不對稱碳原子，所以可存在兩個光學異構物，在天然萃取的市售產品中含有豐富的(+)體。萜品烯－4－醇的氣味來源為羥基與雙鍵，以及非平面的六員環。萜品烯－4－醇是茶樹的主要成份，也存在於薰衣草、杜松子、薄荷、迷迭香、乳香、玫瑰中。散發著包含胡椒甘味的木質調在內的大地香氣，同時包含著從構造中可推定出的薄荷腦的氣味。由於兼具柑橘的氣味，因此給人一種紫丁香花的印象。也因此，這類氣味分子有時被歸類為花香調。另一方面，對木質香氣較為敏感的人來說，則會將此類氣味歸為木質調（松木）。萜品烯－4－醇是典型難以分類的氣味質地，這也顯示出此分子的氣味十分奇妙。香氣強度中等。

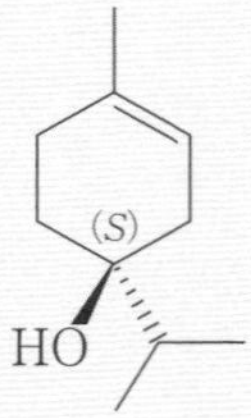

歐白芷酸異丁酯　isobutyl angelate

此分子是由歐白芷酸與異丁醇脫水縮合而成的酯。香味來源為酯與雙鍵構造。歐白芷酸的酯是羅馬洋甘菊的特色氣味，其味道強度中等，帶有藥草、綠葉與香料的特質。聞起來帶有甜味，這是因為有酯基存在的關係。此氣味也會讓人想起木質、葛縷子（Caraway）或芹菜的味道。

羅馬洋甘菊除了含歐白芷酸外，也含有大量的歐白芷酸丁酯、3－甲基戊基歐白芷酸酯（3-methylamyl angelate）以及歐白芷酸異戊酯（Isoamyl angelate）之類的歐白芷酸酯。歐白芷酸丁酯抑制了歐白芷酸本身香料的氣味，反而呈現出果香，如紅酒般的玫瑰香氣，氣味強度中等。3－甲基戊基歐白芷酸酯帶有木質調的中等強度花香氣息，這正是洋甘菊的氣息來源，也帶有芹菜的氣味。歐白芷酸異戊酯就聞不到木質氣味，而呈現帶有花香調的中度強度的果香。從這個例子可清楚看到，同樣是酯，但變成碳鏈後氣味也會跟著大幅轉變。在十九種芳香精油當中只有洋甘菊含有歐白芷酸酯，這情形富饒趣味。

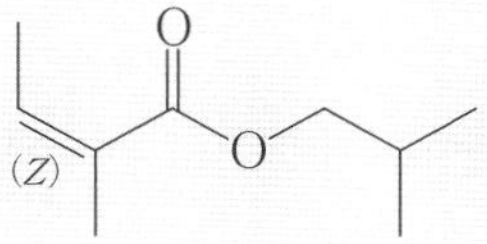

●動物般的氣味（動物香調分子）

動物香調的分子濃度較高，帶有野獸的氣味。在芳香精油中所含的量不高，最具代表性的是吲哚（Indole）。

吲哚 Indole

吲哚與前文介紹的分子不同，含有氮原子，同時還有六員環與五員環縮何在一起。前文中已說明過吲哚的氣味，經過稀釋會產生茉莉花的香氣，是事實上茉莉花、橙花所含的吲哚量極少。在得自植物的氣味分子中很少帶有動物香調的氣味。

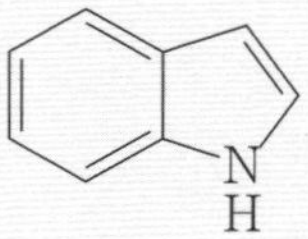

●成熟水果的香氣（果香調分子）

在芳香療法的檢定考試中很少出現果香調的芳香精油，但這裡要介紹幾種芬芳且具有代表性的果香調分子。

酯類

乙酸乙酯（ethyl acetate）是一種存在鳳梨果實以及日本酒、葡萄酒中的酯，是乙醇與乙酸脫水縮合而成。酯類分子的氣味強烈，帶有甜甜的果香，但是聞起來像是藥品乙醚的氣味，也像是綠草般清新的氣味。乙酸乙酯也用來製造指甲油的去光水。

乙酸丁酯（butyl acetate）是蘋果、葡萄等水果的香氣成份，是乙酸與丁醇反應所得的產物。乙酸丁酯的氣味也很強烈，聞起來帶有香蕉的果香，同時也散發有機溶煤乙醚的味道。

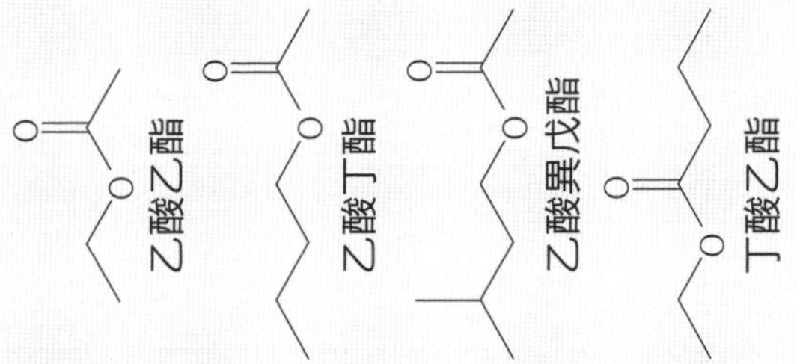

乙酸異戊酯（isoamyl acetate）存在香蕉、蘋果、葡萄等水果中，帶有強烈的甘甜、新鮮香蕉般的果香。經過稀釋後，聞起來帶有水梨般的果香。

丁酸乙酯（ethyl butyrate）為水果與發酵食物中所含的氣味分子，帶有濃厚的果香，聞起來像是鳳梨、果汁以及蒟蒻般的氣味。

從以上的說明可看出，含碳數不多的有機酸的酯，一般而言都帶著濃烈的果香。

苯甲醛 benzaldehyde

杏仁堅果（Almond）或杏仁（Apricot kernel）都含有苯甲醛分子，它有苯環與醛基，帶有強烈的甘甜香氣，聞起來像是杏仁堅果或櫻桃的氣味。

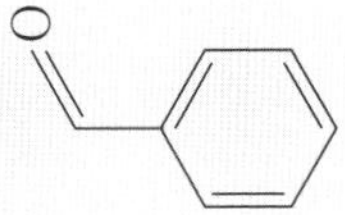

覆盆子酮 raspberry ketone

這種存在於覆盆子中的分子含有羥基、酮基以及苯基，這些官能基都是覆盆子酮分子的香氣來源。其氣味強度中等，散發著甘甜、成熟的覆盆子莓的香氣。聞起來像是果醬一樣，甜甜的且帶有花朵香氣。

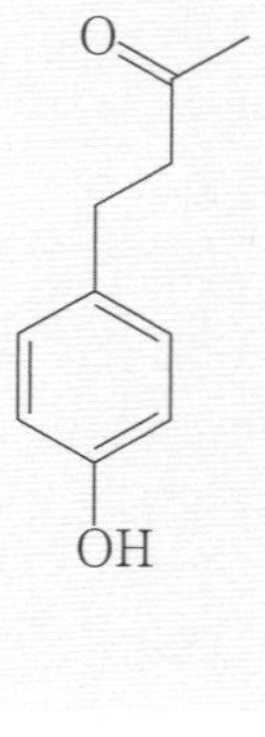

γ-癸內酯 γ-decalactone

內酯（lactone）為環內存在酯基的化合物。這個分子擁有五員環的內酯，存在由六個碳原子構成的碳原子鏈。在大自然中，水蜜桃、芒果等的果實中存在γ-癸內酯分子，其香氣強度中等，聞起來呈現新鮮水果的香味。聞起來帶有水蜜桃、杏桃以及椰子清新的甘甜氣味。

8-2 來自動物的香氣分子

本節將介紹四種來自動物的氣味，其中所含的代表性氣味分子如下。

糞臭素（3-甲基吲哚） skatole

這個分子是存在靈貓（civet，麝香貓）身體的分子。事實上，在茶葉中也含有極微量的糞臭素，是茶葉香氣的來源之一。其化學構造與吲哚幾乎相同，只多了一個甲基（$-CH_3$）。Skatole這個名字來自希臘語的「糞」skato，它帶有哺乳類動物糞便極為強烈的氣味，但是經過稀釋後，則會變身成茉莉花等花朵的香味。

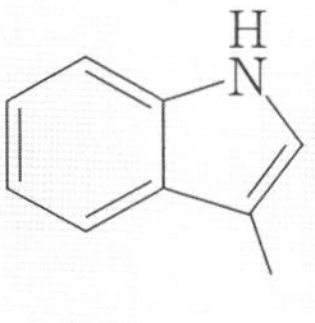

靈貓酮 civetone

靈貓酮是麝香貓所含香氣的主要成份（百分之二～三）。這個分子與先前的香氣分子的化學構造大為不同，它具有十七員性的大環結構，其中存在一個雙鍵與一個酮基。其化學構造是對雙鍵形成順式立體構形。它的分子非平面構造，而是如圖所示像是縐褶擠在一起的凹凸結構。氣味的濃度太高時，聞起來就是濃烈的動物惡臭，但一旦經過稀釋（百分之一以下），就會顯現出麝香的香氣，聞起來帶有清新，乾爽的感覺。

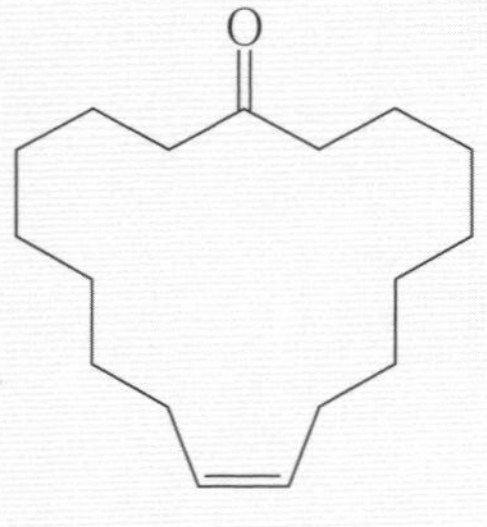

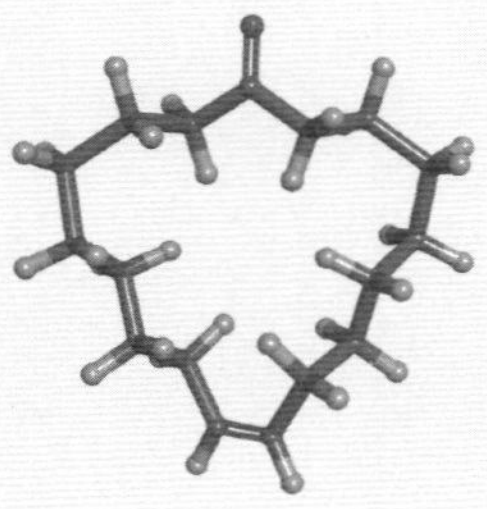

龍涎香醚 Ambroxide

龍涎香醚是抹香鯨所製造之龍涎香的主要氣味成份之一。它的化學構造有三個環縮合，環內有一個醚基。因為具有四個不對稱碳原子，所以可存在十六個光學異構物，但在天然的龍涎香醚中具有如圖所示的絕對立體構形。其中的氫原子像覆蓋在分子表面一般地形成立體構造。讀者應

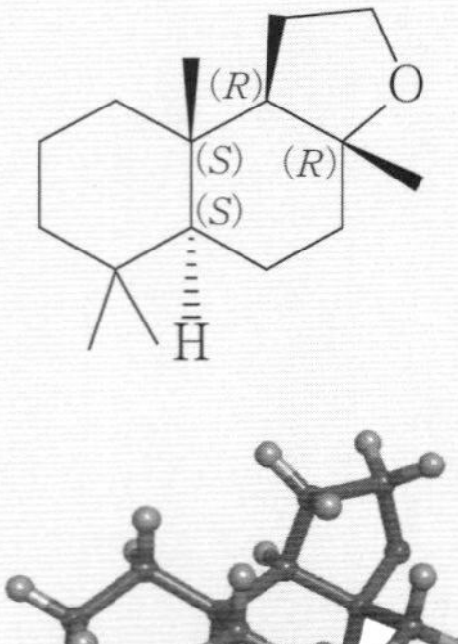

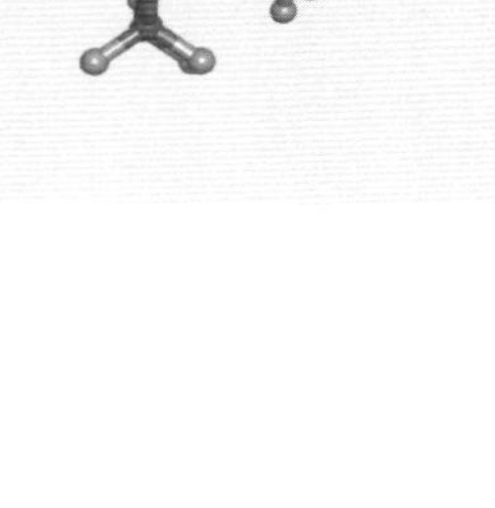

可看出，此分子的構造特徵與植物的氣味分子大不相同，它的氣味強烈，散發著如假包換的龍涎香氣味，帶有甘甜的氣息，同時也具有木質調岩玫瑰（Labdanum）的香氣，以及松木和蕨類的氣味。

麝香酮 muscone

此分子是取自麝鹿之天然麝香（Musk）的主要成份。麝香酮擁有一個不對稱碳原子，可存在兩個光學異構物，但在大自然中存在的是(*R*)體（−）。它是個像靈貓酮一樣的大環狀化合物，由碳原子構成十五員環，擁有一個酮基。但麝香酮與靈貓酮不同，它沒有雙鍵的結構。不過由於整個分子結構特徵與靈貓酮相近，所以很明顯地這樣的結構讓兩者具有共同的氣味特徵。麝香酮具有強烈的麝香氣味，必須稀釋成濃度百分之〇．一以下的溶液才會顯現所謂的麝香芳香，濃度高過百分之〇．一時則會顯示強烈的惡臭。如圖所示，麝香酮的分子結構與靈貓酮相似，呈立體構造。

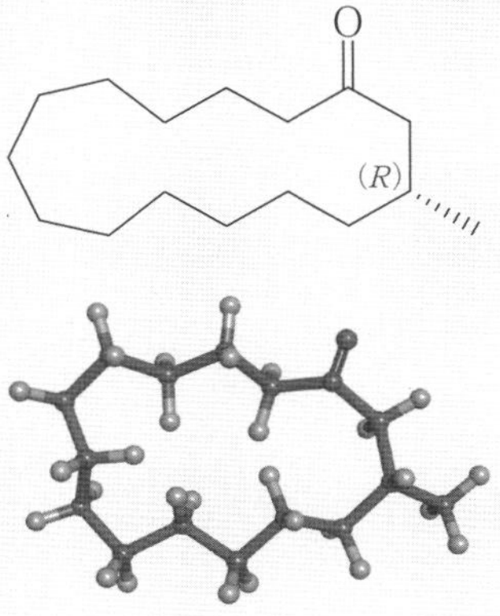

海狸香（Castoreum）所含之分子

有文獻報告海狸香包含了二十種以上的分子，但至今尚未研究出是哪個分子對海狸香特異的氣味做出貢獻。其中一種分子是4–乙基苯酚（4-ethylphenol），帶有強烈的煙燻（smoky）氣味。這種氣味除了帶有藥品的味道外，同時也給人一絲甘甜的感覺，正是因為這個分子的存在，創造了海狸香特有的氣味。另外一個成份分子為苯乙酮（acetophenone），這個分子帶有甜香的氣息，具有相思樹、含羞草的花朵般的強烈香氣。而且也含帶有香草般氣味的乙醯茴香醚（acetanisole），目前此分子已經取代過去的海狸香，用在冰淇淋等的食品中，作為香草氣味的香料使用。從這個例子也可看出，儘管二十一世紀已經過了二十年左右，但是對於產生氣味的源頭分子，人類的研究仍未得到結果。正如前文所說，海狸香與其他的動物性香味的氣味分子很不一樣。

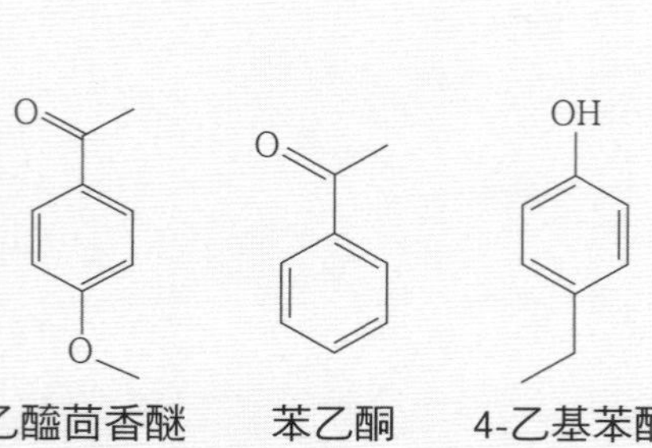

4-乙基苯酚　苯乙酮　乙醯茴香醚

儘管海狸香是取自動物的氣味，但是其構造分子大半與食用植物的分子相同。

第9章

從天然香料到合成香料

過去香氣分子的供應來源都來自植物，無法自植物取得的獨特香味則從動物身上取得。但是，從天然物取得香料需經過大費周章的處理。以茉莉花為例，在製造香精時必須在清晨採花，一公斤的花朵只能取得一克的純香（Absolute）。而所謂一公斤的花約相當於兩萬朵。此外，取自動物的香料當中，龍涎香一般都發現於偶然，要主動取得相當困難。另外，如麝香也是得自罕見動物，取得絕非易事。正因如此，許多香料都很昂貴，被視為是珍品而備受寶貝。在人類的夢想中，其中一個願望就是希望能自由使用這些香料。

在有機化學中有一門領域是天然物化學，專門研究存在於自然環境中的各種分子的化學構造面貌。其實，日本在天然物化學領域的研究領先世界各國。二〇一五年諾貝爾生理學或醫學獎得主大村智教授正是這領域的研究人員代表之一。在研究天然物化學時，首先會將天然含有的分子以純粹的形式取出，研究其化學構造。前文中已經介紹了掌握芳香分子構造的方法，這些方法都是透過天然物化學研究，逐漸發展演進而成。以人工合成分子時，首先須透過各種光譜決定分子的化學構造，然後再以化學方式合成這些分子，最終再確認合成的分子與天然萃取的分子是否完全一致。以完全透過合成化學方式合成大自然界的分子時，稱作全合成。相對地，也有在生物體內合成分子的情形，稱作生物合成。

在天然物化學研究中，重要且關鍵性的全合成研究發展之下，人類發展出可以人工方式合成各種氣味分子的技術。天然物化學的應用當然不僅止於氣味分子的研究，也應用在藥物的研究上。基本上，今日所使用的許多藥物，可說是拜天然物化學發展之賜，這個說法一點也不誇張。換言之，有機化學的發展，尤其是天然物化學的發展為我們打開了一條路，讓我們得以透過人工方式製造珍貴的氣味分子，讓更多人享受香氛的效果，並且活用將之發陽光大。今日，「香味」在提升生活品質（Quality of Life：QQL）上貢獻非凡，這些香味很多都是化學家一步一步努力累積而成的研究成果。

得自大自然的香氣分子不勝枚舉，無法一一在本書中介紹。但是並非所有存在的氣味分子都屬於天然分子，其中也有對人類而言聞起來非常舒服，但卻不屬於天然成份的香氣分子。模仿存在於大自然的分子，並且根據自然分子調製出新的香氣分子，這對設計、創造新香味的領域而言充滿魅力。我們之所以能夠實現這個想法，也是拜有機合成化學的進步所賜。香水雖然是華麗時尚業界的一環，但是讓香水得以誕生的，則是對外行人而言冰冷的有機合成實驗室。

本章中將簡明地談談幾種合成香料的合成方法。讀者中想必有不少人對化學反應很頭痛，不過我想，讀者們閱讀時只要能理解調配出的香氣分子是如何使用單純的原料製造，這樣就足夠了。但倘若讀者能明白化學家如何透過各種方式創造出目標分子的過程，感受其中神妙之處，讚嘆「原來如此」，這樣就更讓人心滿意足了。

9-1 最早的合成化學分子——硝基苯（nitrobenzene）

今日的我們只要知道目標香氣分子的化學構造，就可能合成出該分子。若是分子構造單純，即使是剛開始學化學的大學生也都有能力合成。例如在充分乾燥的乙酸與乙醇的混合物中灌入氯化氫（HCl）氣體，即會引發脫水縮合反應，調製出帶有甘甜果香的乙酸乙酯（**圖9－1**）。鹽酸在酯化反應中扮演著觸媒的角色。芥末中含有豐富的乙酸乙酯，但只佔其整體的百分之四而已。所以若要從芥末中萃取乙酸乙酯的話，需要使用大量的芥末，當然價格也隨之水漲船高。相對地，乙酸和乙醇都可以大量且廉價地合成，因此只要使用這些原料進行合成，就能低廉地合成乙酸乙酯。一般而言，有機酸酯較易合成，因此有許多有機酸酯

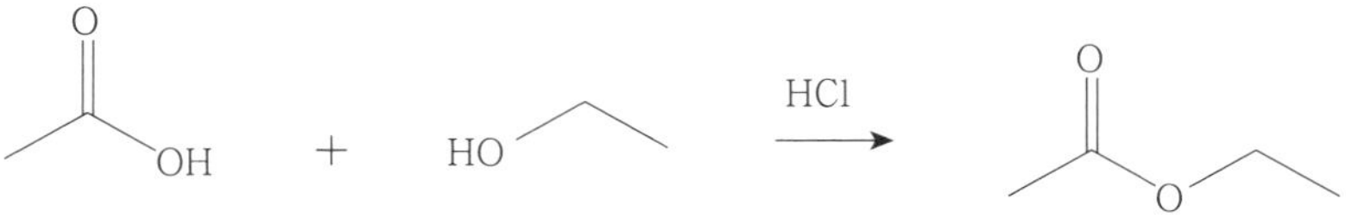

乙酸　　乙醇　　乙酸乙酯

圖9-1 乙酸乙酯的合成

（帶有果香與花香）是以合成方式配製。

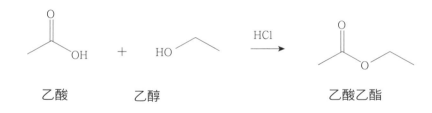

最早以化學合成方式配製出的氣味分子是硝基苯（**圖9－2**）。一八三四年，德國的化學家米雪里希（Eilhard Mitscherlich）使用濃硫酸與硝酸將苯進行硝化反應，得到不溶於水，黃色油狀的硝基苯。硝基苯帶有杏仁堅果般的甘甜香氣。儘管硝基苯帶有典型的芳香精油氣味，但是具有致癌性等毒性，所以未被當作香料使用。**圖9－2**所示是硝基苯的合成方法。進行合成時，首先將硝酸（HNO_3）與硫酸（H_2SO_4）反應(I)，產生硝鎓陽離子（nitronium ion，NO_2^+）。然後讓這個離子與苯環反應(II)。在途中狀態下形成有*記號的分子很不穩定，氫離子（H^+）脫落後形成安定的硝基苯（nitrobenzene）(III)。脫落的氫離子與硫酸氫離子（HSO_4^-）反應還原為硫酸。這個反應為有機合成化學的基礎，只要曾經在大學學過化學的人都可輕易執行。

前文中談過馥奇香調（Fougere）的香水。這款香水的關鍵氣

（Ⅰ）

$$HNO_3 + 2H_2SO_4 \longrightarrow NO_2^+ + H_3O^+ + 2HSO_4^-$$

（Ⅱ）

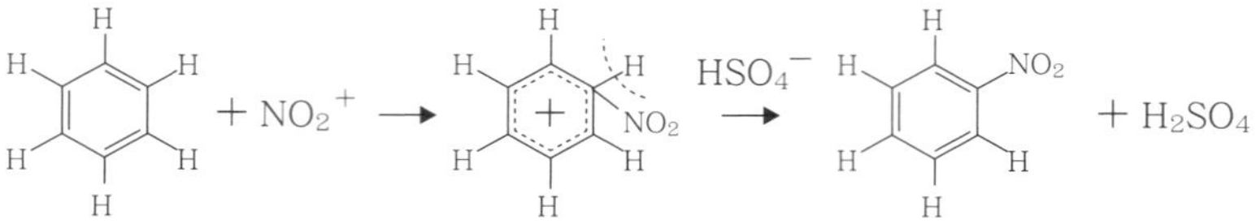

［＊］　　硝基苯

圖9-2 硝基苯的合成

味分子是香豆素（coumarin）。香豆素是歐洲在十九世紀中葉從零陵香豆（Dipteryx odorata）萃取出的珍貴香料。英國的有機化學家威廉・珀金（William Henry Perkin）在一八六八年確立了以工業合成方式製造香豆素的方法。換句話說，威廉・珀金為廉價使用香豆素開啟了一扇大門。一八七六年市場上銷售之香豆素的氣味吸引了法國香水業者霍比格恩特（HOUBIGANT）公司的創辦人Jean-Francois Houbingant。他從香豆素獲得靈感，將香豆素組合橡木、苔蘚、天竺葵以及佛手柑，調配出嶄新而和諧的魅力香氣。這就是著名的皇家馥香（Fougere Royale）香水。這是發生在一八八二年的事情，至今仍然也是香水重要潮流的馥奇香調的起源。換句話說，現代的香水可說是與香豆素同時誕生的。

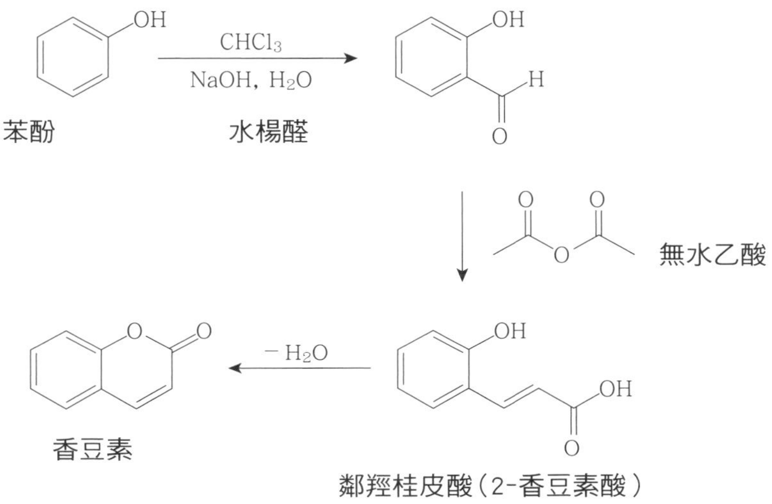

圖9-3 香豆素的合成

合成香豆素的起始物質為苯環上鍵結有一個羥基的苯酚（phenol），反應的過程可大分為三個階段（**圖9－3**）。首先讓三氯甲烷（$CHCl_3$）與強鹼的氫氧化鈉（NaOH）或氫氧化鉀（KOH）與苯酚作用。這個反應稱作李莫—帝曼（Reimer-Tiemann）反應。經過這個反應後，苯酚就會變成水楊醛（salicylaldehyde）。然後將此水楊醛與無水乙酸反應，得到鄰羥桂皮酸（Hydroxycinnamic acid）（2－香豆素酸）。這個反應是由威廉．珀金所開發的珀金（Perkin）反應。所生成的2－香豆素酸在分子內發生脫水反應產生酯，這就是香豆素。

9-2 合成天然香氣的分子

薰衣草的溫和香氣——芳樟醇（linalool）

在本書中出現過好幾次的芳樟醇是許多香水（Perfume）、淡香水（Eau de toilette）、古龍水（Eau de cologne）的原料，它具有薰衣草的優雅香氣，是受到眾人喜愛的香氣分子。合成芳樟醇的方法之一如**圖9－4(A)**所示。首先以甲基庚烯酮，（methyl heptenone）(I)這種分子內有雙鍵與羰基（$-C=O$）的分子作為原料，與鈉、乙炔化合物（Acetylide）進行反應。反應後除了羰基會變成羥基外，乙炔基（Ethynyl）（$-C\equiv CH$）會出現(II)所示的鍵結。使用觸媒選擇性地將這個分子進行還原，三鍵就會變成雙鍵，因而得到(III)的芳樟醇。從**圖9－4(A)**可看到完全沒有問題。

芳樟醇擁有一個不對稱碳原子，可得兩種光學異構物，但是利用前述的合成方法，合成得到的是哪一種芳樟醇？是(+)體還是(−)體？甲基庚烯酮沒有不對稱碳原子，但是變成(II)以後就會產生不對稱中心。但是有＊記號的碳原子有百分之五十的機率乙炔基（$-C\equiv CH$）會從

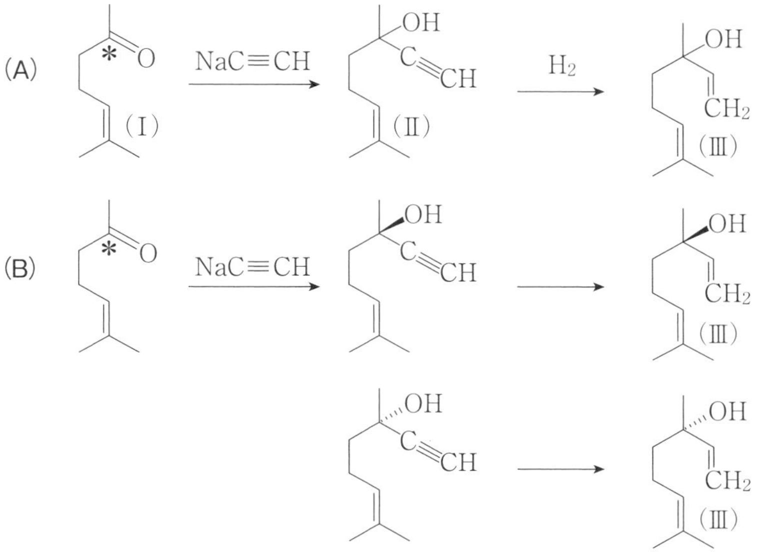

圖9-4 芳樟醇的合成

頁面上方或下方鍵結。換言之，在這個階段，如**圖9-4(B)**所示，有同樣的機率會產生兩個光學異構物。因此芳樟醇不會出現**圖9-4(A)**的(III)的狀況，而會如**圖9-4(B)**的(III)所示，產生兩種光學異構物，也就是會形成(+)體和(−)體。

那麼該如何區別(+)體和(−)體呢？這兩者的原子組成一模一樣，官能基的數目也相同。基本上無法以第五章所介紹的識別不同分子的各種方法區別兩者。唯一能呈現兩者大幅差異的只能看旋光度。一般的光是朝所有方向振動的光混合下的結果。所以，只需讓一般的光通過一面只有朝特定方向振動的光才能通過的濾光板（偏光板），就能得到振動方向整齊一致的光，也就是獲得偏光。若溶液中含有無光學活性的分子，偏光入射溶液內偏光的振動方向不會改變。但若溶液中含有具光學活性的分子時，偏光入射溶液內光的振動方向會改變。光變化量依該分子特有的值而定。如為(+)－芳樟醇，偏光入射時會往右（＋側）彎曲約二十度。相對地，(−)芳樟醇會往左彎曲約二十度。這個值稱作旋光度，(−)芳樟醇的旋光度約為負二十度。使用**圖9－4(A)**的合成法時，兩種光學異構物會以一比一混合，所以旋光度在零度附近。合成方式會造成旋光度不一致，所以實際上的旋光度值會落在負二度到正二度之間。

這類眾多的合成法中，大部分合成出來的都是光學異構物的混合物。(−)體的香氣較受喜愛，(+)體的氣味則還可接受，因此市面銷售的芳樟醇有些是(−)體與(+)體一比一混合的產品。但若堅持採用百分之百的(−)體芳樟醇時，就必須將混合物的兩種光學異構物分離。這個將不同光學異構物分開的作業稱作光學分割（optical resolution）。這個方法除了應用在氣味分子上，在製造具有光學活性的醫藥分子時，光學分割也是非常重要的方法。在醫藥分子方面，有時僅限定特定的光學異構物才具有藥效，有時有些光學異構物甚或具有毒性。

光學分割的細節在本書中已經超越討論的範疇，在此不多討論，僅介紹其中的一種方法。在前文中我們曾經談過層析儀。層析儀可以以特定的物質吸附分子，然後將該物質洗掉。在作業中，會將吸附分子的物質（載體）充填在圓筒狀或環狀的部位，這個部位稱作管柱（Column）。析附在管柱上的分子可以水或者有機溶媒洗掉，這些分子依其性質，吸附在管柱上的吸附力強度也不同，因此可將較早從管柱溶出的分子與較晚從管柱溶出的分子分離。於是若管柱中使用具有光學活性的物質，(+)的異構物與(−)的異構物吸附方式就不一樣。

打個比方，管柱中使用的分子就像是「手」，吸附在管柱的分子就像是「手套」。假設有一個管柱是由右手構成，要吸附的分子是混合了右手手套與左手手套的手套。右手套可以完全服貼地套在右手上，但是左手套只能套住右手而無法緊密戴上。在這樣的狀態下，遭遇強風吹襲時，佩戴得不緊密的左手套首先會被風吹走，右手套則必須增強風力後才會脫落。利用這個方法，就能將左手套與右手套分離開來。

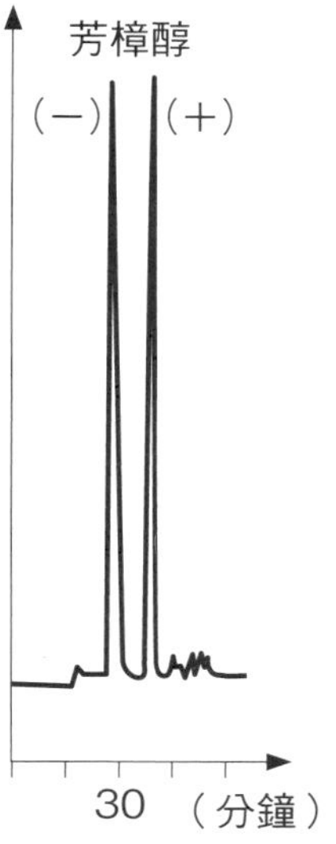

圖9-5 使用光學活性管柱進行層析，將(+)-芳樟醇與(−)-芳樟醇分離。縱軸為強度，橫軸為滯留時間（分鐘）。

以右手構成的管柱稱作手性分離管柱（chiral column）。手性分離管柱上實際使用的光學活性分子為環糊精（Cyclodextrin）。**圖9－5**顯示的是以此方法實際進行分離的情形。儘管不同的光學異構物可被分離，但因費用較高，所以純光學異構物也比消旋體（racemate）的價格昂貴。

薄荷的香氣——薄荷醇（menthol）

薄荷醇有三個不對稱碳原子，可存在八個光學異構物。若以芳樟醇同樣的合成方式合成出混合了所有可能之異構物的薄荷醇，那就麻煩了。有機化學的學者長年以來一直進行研究，尋找如何以限定的特定光學異構物進行合成的方法。這在有機化學領域是最具挑戰性的研究之一。在八種光學異構物當中，(－)－薄荷醇的需求最高，因此有多名研究者都進行此分子的合成研究。

其中一群研究人員來自日本的高砂香料工業公司。這家公司每年生產超過兩千公噸的(－)－薄荷醇。(－)－薄荷醇是合成香料中，產量最高的一種。它的合成方法的原理是在二〇〇一年由諾貝爾化學獎得主野依良治教授所發現。這套合成方法的概要如**圖9－6**所示，以β－

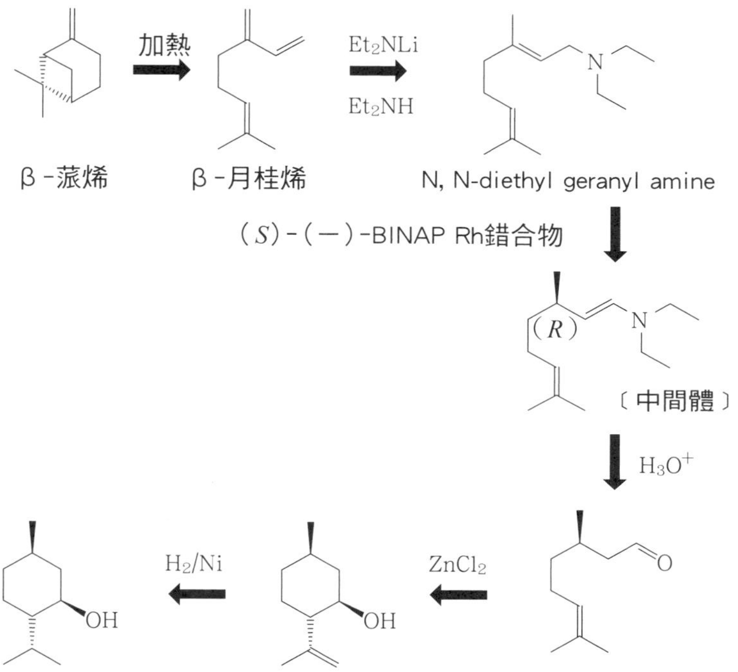

圖9-6 （−）-薄荷醇的合成（不對稱合成）

蒎烯（β- Pinene）作為原料。β-蒎烯加熱分解可產生月桂烯（myrcene），月桂烯不含不對稱碳原子。在存在鹼（二乙胺鋰（Lithium diethylamide）Et_2NLi）的環境下讓月桂烯與二乙胺（Diethylamine）（Et_2NH）結合。這時候得到的分子N, N-diethyl geranyl amine（二乙基香葉胺）仍然不含不對稱碳原子。接下來的反應就非常重要了。讓N, N-diethyl geranyl amine（二乙基香葉胺）與野依教授所開發的銠

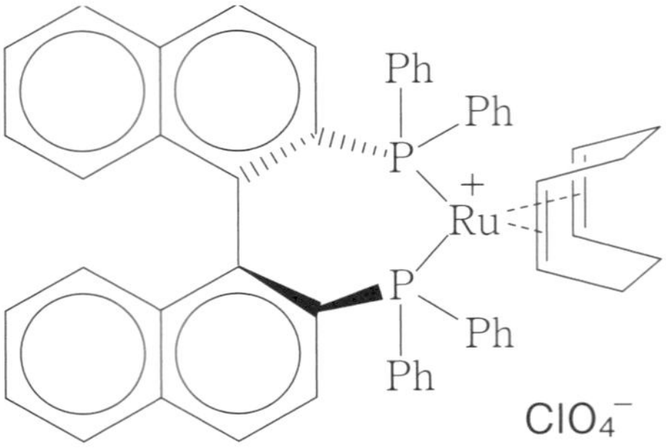

圖9-7 用於(−)-薄荷醇不對稱合成中的(*S*)-(−)-BINA錯合物的化學構造。左邊的四個6員環以及Ph為苯環，P為磷原子。Ru（釕）原子與右側的8員環（環辛二烯〔cyclooctadiene〕）的兩個雙鍵也有配位鍵（虛線）。ClO_4^-意味著這個錯合物為過氯酸鹽。

（Rhodium）(*S*)－(−)－BINAP複合體（**圖9－7**）作用，雙鍵的位置就會改變（異構化）。這時候由於(*S*)－(−)－BINAP具有光學活性，所以有一個面上原本鍵結在甲基根部碳原子的氫原子就無法結合。在此圖中，氫原子只能與頁面下方的碳原子鍵結。因此所生成的中間體中，這個碳原子的構形就變成(*R*)。換句話說，就導入了具有所需之立體構形的不對稱碳原子。這個中間體若經過水解，就會得到(+)－香茅醛（citronellal）。(+)－香茅醛經過路易斯酸觸媒（$ZnCl_2$）處理，就會形成六員環，得到(−)－異洋薄荷醇（Isopulegol）。這時候新增了兩個立體中心（stereocenter）但是受到(+)－香茅醛既有的不對稱碳原子的立體影響，剩餘的不對稱碳原子周邊的立體構形百分之百會成為(−)－異洋薄荷醇的構形。賦予(−)－

異洋薄荷醇氫原子（還原）後就能得到百分之百純粹的(−)-薄荷醇。這個方法是運用有機化學知識的巧思，從八種可能的光學異構物中選擇性合成其中一種，成為成功的典範。

我再強調一次，這個反應中最關鍵的重點是使用(*S*)-(−)-BINAP這個具有光學活性的分子。這個可說是具有魔法的試劑讓我們得以進行原子世界的識別。在我們對化學的了解日漸深入的情況下，即使是眼睛見不到的分子世界，人類也能隨心操控。在選擇性合成(−)-薄荷醇時，這個例子讓我們了解到，化學其實是一門非常具有創造性與刺激性的科學，不再只是無聊的學問。

9-3 從天然的香氣分子發展到人工的香氣分子

麝香的替代品——酮麝香（Musk ketone）

麝香（Musk）在過去是珍貴的香氣，如何透過人工方式合成的努力可以一路回溯到十八世紀。一七五九年，一名化學家馬克格拉弗（Markgraft）在使用琥珀油進行硝化反應

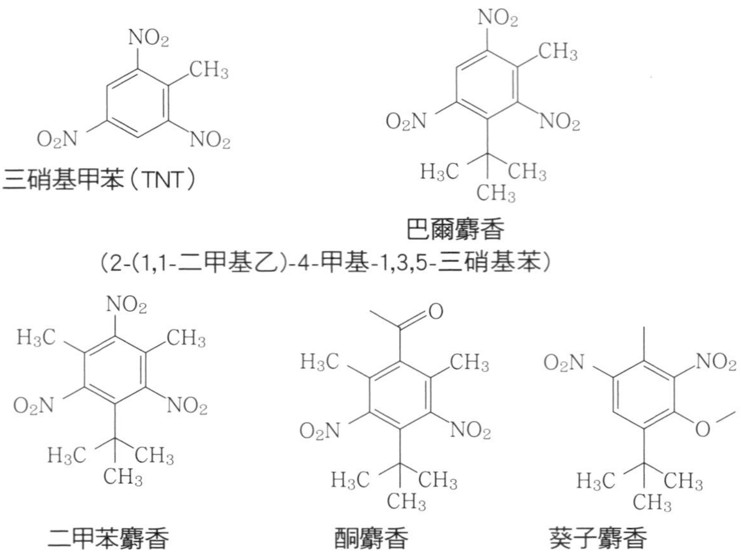

圖9-8 硝基麝香的化學構造

時，發現了能產生帶有麝香氣味的物質。但是當時由於不知道該物質的組成，所以發現的成果未能實際應用。一八八八年，研究火藥的巴爾（Baur）在偶然間發現，將三硝基甲苯（TNT火藥，**圖9－8**）進行三級丁基（tert-butyl）（$-C(CH_3)$）化所得的化合物氣味甘甜好聞，散發出像麝香一般的氣味，於是命名為巴爾麝香（musk Baur）（**圖9－8**）。當時，世界上最高級的麝香是從越南東京（今越南北部）出口，所以在那個時代將最高級的麝香稱作東京麝香（Tonquin musk）。硝基麝香因為具有接近天然麝香的香氣，因此也被稱為Tonquinol（東京醇／香豆醇）。巴爾（Baur）在這項

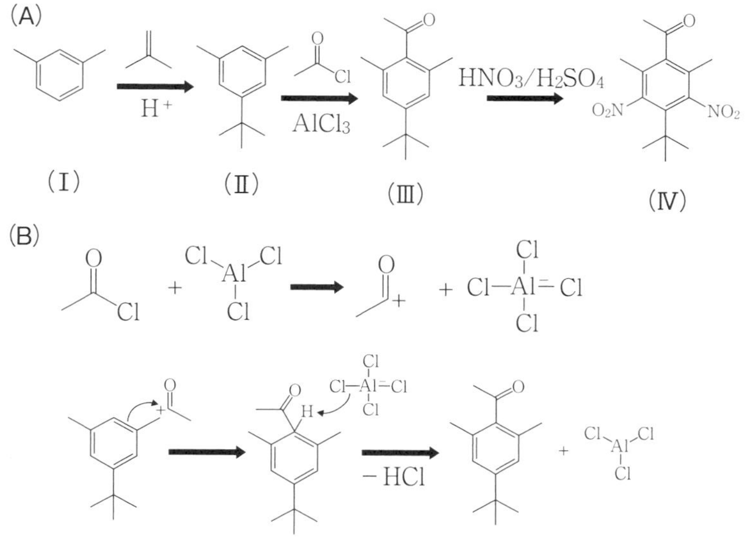

圖9-9 酮麝香的合成

發現的觸發下，也陸續合成具有類似化學構造的化合物，例如二甲苯麝香（Musk xylene）、酮麝香（Musk Ketone）以及葵子麝香（Musk Ambrette）（**圖9－8**）。這當中，氣味與天然麝香最相近的是酮麝香（Musk Ketone）。印度有一種植物香葵（Abelmoschus moschatus）帶有麝香的香氣，也被作為麝香的替代品。葵子麝香（Musk Ambrette）帶有讓人聯想到香葵種子的氣味。這些化合物都有硝基（$-NO_2$），因此統稱為硝基麝香（nitro musk）。

酮麝香的合成法如**圖9－9(A)**所示，其原料為苯環結合2個甲基結合的*m*－二甲苯（xylene）(I)。利用酸觸媒讓異丁烯

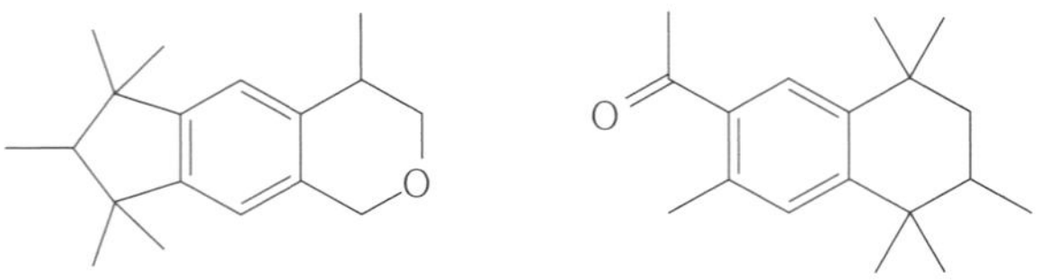

佳樂麝香　　吐納麝香

圖9-10 佳樂麝香與吐納麝香的化學構造

（Isobutylene）與m－二甲苯反應，即可在甲基的間為（m－）導入t－丁基(II)。而且只要利用夫－夸反應（Friedel-Crafts reaction）這個知名的反應，即可在兩個甲基間加入醯基（acyl）（$-C(=O)CH_3$）(III)。在這個反應中，如(B)所示的氯化鋁（$AlCl_3$）與氯化乙醯（Acetyl chloride）會先反應，關鍵在於其所生成的離子（CH_3CO^+）與(II)反應的過程。最後使用硝酸與硫酸，將硝基導入空著的兩處，就完成了酮麝香(IV)。由於所有的化學反應在有機化學中都屬於基本反應，可輕易地合成，因此可合成大量的純粹化合物。

硝基麝香類過去被廣泛用在帶有麝香的香水產品上，但隨著人們了解硝基麝香類有許多缺點，在發現新化合物的同時，人類也在二十世紀中葉停止使用硝基麝香類。其中最嚴重的缺點是毒性。硝基麝香在陽光照射下會引發皮膚的過敏反應。這樣的缺點對經常被搽在皮膚上的化妝品或香水來說是致命性的問題。

在一九五〇年代，有許多合成研究專門針對硝基麝香的缺點，希望能找到解決問題的麝香味香氣分子。其中最具代表性的化合物就是**圖9－10**所示的佳樂麝香（Galaxolide）與吐納麝香（Tonalid）。由於這些化合物的分子內有多個環，因此被稱為多環麝香。佳樂麝香的氣味甘甜，帶有花朵般的麝香氣味，氣味強度中度。吐納麝香也具有中度的氣味，但是屬於甘甜、具有果香、琥珀氣息的麝香類氣味。這類化合物至今仍被使用，但是隨著能成功合成下節將介紹的大環麝香之後，使用量也隨著逐漸減少。

合成「真品」麝香

將麝鹿的香囊內容物乾燥後，溶於乙醇中再去除雜質，就成了麝香酊劑。這個溶液中除了含有麝香的香氣分子外，也含有許多其他的分子。過去必須大費周章才能取出百分之百的致香分子麝香酮（Muscone）。從天然動植物體內取出這類有效成份的技術稱作「單離法（isolation method）」，為天然物化學進步不可或缺的進步。可以說，正因為單離技術的進步，天然物化學才得以隨之與時俱進。最早成功開發出複雜單離技術的是沃爾鮑姆（H. J. Walbaum）。那是發生在1906年的事情。但是解明其化學構造總共花了二十年的時間，這是因為先前介紹的分子化學結構在當時尚不發達。到了一九二六年，瑞士的魯奇卡（L.

Ruzicka）解開了麝香酮分子結構之謎，知道其化學構造為3-Methylcyclopentadecan。包含這項成果在內，魯奇卡獲得了一九三九年的諾貝爾化學獎。當人類成功解開自然界新化學構造的謎題後，愈來愈多有機化學家挑戰天然化學物質的合成。利用既有物質作為原料（起始化合物）合成自然界複雜而珍貴的化學構造的做法，稱作全合成。

對有機化學家來說，天然物質的全合成是極具魅力的挑戰課題。以數學打比方，它這就像要解開一道新的證明題那麼吸引人，也像人類從事賭博活動或者電腦遊戲一樣，充滿無限智力的挑戰。因為解開無人能回答的題目，就能證明自己的能力。在全合成發展的過程中，科學家們也開發出各種的工具與方法。科學家經常被當作怪物，也經常有人問我們研究人員，為什麼你們能如此熱中投入研究工作？答案很簡單，因為「好玩」。當然大部分的問題都很難，難道自己無法解開。但其實是，通常讓人覺得好玩有趣的問題都是非常困難，都是難解的問題。即使到了現代，既有趣又重要的問題依然堆積如山。希望年輕人能挑戰這些問題，找出解答。

當魯奇卡發表了麝香酮的化學構造後，許多有機化學家也嘗試進行麝香酮的全合成。於是在一九三四年卡爾．齊格勒（Karl Ziegler）幾乎與魯奇卡同時成功地合成了麝香酮。齊格

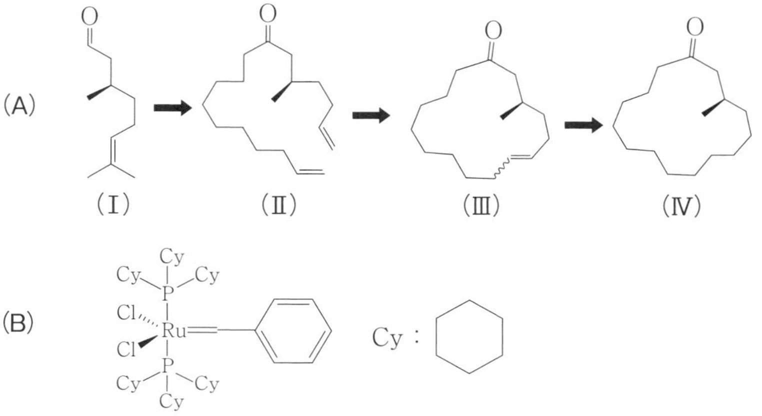

圖9-11 麝香酮的化學合成

勒也在一九六三年獲得了諾貝爾化學獎（因發現了齊格勒・勒納塔催化劑（Ziegler-Natta catalyst））。由於麝香酮有一個不對稱碳原子，即使存在兩個光學異構物，天然麝香酮的碳原子的絕對立體構形仍為（*R*）。但是齊格勒與魯奇卡合成得到的卻是兩個不同光學異構物的混合體（消旋體）。今日的香水製造也使用消旋體，所以這個合成方法事實上的確解決了問題。

但有機化學家在好奇心的驅使下依然渴望合成出天然的麝香酮（*R*體），因此仍然嘗試各種方法，研究如何獲得與天然物相同的光學異構物。不論在哪個時代，映在旁人眼中看似貪得無厭的科學家好奇心正是推動科學前進的原動力。**圖9－11（A）**為安藤（Masayoshi Ando）等人所開發出的一種（*R*）體合成法，這個合成方法採用的是原料中原本就具有立體中心的(+)-香茅醛。(+)-香茅醛為萃取芳香精油用禾本科植物香茅所含的香氣分子，帶有香草柑橘般的清新氣味。以(+)-香茅醛為原料，經過幾個階段的反應之後，可得末端有雙鍵結構的化合物(II)。為了將直鏈狀的分子結構調製成環狀，必須讓末端接近結合。這項作業相當困難，這個雙鍵就是簡化配置程序的祕訣。此外，使用**圖9-11(B)**的試劑作用，就能拉近兩個雙鍵的部份使其反應，合成(III)的化合物。這個試劑使用的是釕（Ru）金屬。合成作業雖然屬有機化學的反應，但是這類金屬在其中也扮演著重要的角色。(III)中所示之化學物結合中，波紋線部份代表是由面對相鄰的雙鍵呈順式化合物與反式化合物混合在一起。但若將此化合物以含鈀以及碳的觸媒（Pd-C）還原，即運氣很好，可得到目標的(*R*)-(+)-麝香酮(IV)。

合成像天然麝香酮這種大環狀化合物的合成法雖然耗費工夫，但是前述的多環麝香酮具有經濟上的效益，因此追求低成本天然型麝香酮的研發工作仍在持續當中，價格差異也隨之逐步縮小。

9-4 人工香料分子的合成

最初研究香氣分子合成的目的是為了以人工方式便宜配置天然世界中稀少的香氣分子。但是隨著研究（科學）進步，化學家也開始研究如何彌補現有香氣分子的缺點，挑戰具備全新香氣性質之分子的合成。目前調製香水所使用的香氣分子很多都是人工合成而成。本節將介紹其中幾種人工合成香氣分子。

鈴蘭的香氣——安定性的改良

鈴蘭的法語是Muguet，在日本，凡是香水相關領域談到鈴蘭的氣味時，通常會以法語的Muguet代替鈴蘭。鈴蘭和玫瑰、茉莉花被稱作是「香水的三大香料」。日本的花店很少銷售鈴蘭，所以意外地很少有人親自體驗過鈴蘭的香氣。鈴蘭的氣味以綠葉調（green）為基調，散發彷彿揉合了玫瑰與檸檬的甘甜，聞起來清爽而具有透明感的花香氣味。像鈴蘭這種充滿細緻又複雜魅力的香氣，很難以單一的氣味分子表現。因此在表現鈴蘭香氣時，採用

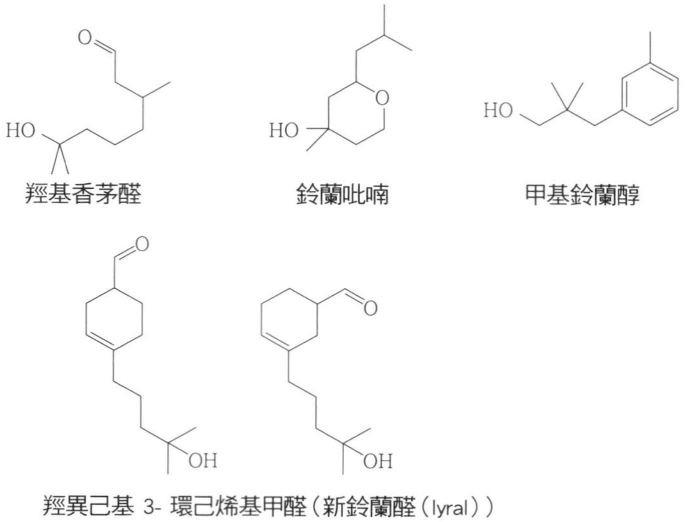

圖9-12 帶有Muguet（鈴蘭）香氣的安定分子

了複合多種化合物的方式合成。其中之一是羥基香茅醛（hydroxycitronellal）（**圖9－12**）。迪奧的茉莉花淡香水Diorissimo就採用此香氣分子，是一款人氣很高的香水。但是後來研究發現羥基香茅醛的穩定性與安全性有問題，使用也受到法規限制。目前法規規定，化妝品中使用羥基香茅醛的比例不可超過百分之一．〇。茉莉花淡香水Diorissimo的成份最近以遵照法規要求進行了改善。像羥基香茅醛這類帶有醛基的物質，其氣味會比對應之帶有羥基的醇更香，佔有優勢。但另一方面，在廣泛應用羥基香茅醛分子時，必須彌補其不耐氧化與不耐鹼的缺點，需使其帶有較為穩定的羥基分子。因此進行合成時，就以各種含有鈴蘭香氣的分子進行合成。例如鈴蘭吡喃（florol）或甲基鈴蘭醇（Majantol）（**圖9－12**）。鈴蘭吡喃帶有一股新鮮透明感、類似鈴蘭的中度花朵香氣。有文獻報告這種鈴蘭吡喃分子也具有刺激性，但是在香水調製上容許百分之五以下的添加。甲基鈴蘭醇帶有綠葉調，讓人聯想起鈴蘭的中度花朵香氣。研究文獻報告這種甲基鈴蘭醇也具有致敏性，但並沒有使用量上的限制。從安全的角度來看，這些分子都勝過羥基香茅醛。羥異己基3－環己烯基甲醛（Hydroxyisohexyl 3-Cyclohexene Carboxaldehyde）（**圖9－12**）這個分子是具有強烈鈴蘭或仙客來花朵香味的合成香料，分子內有醛基與羥基。這個分子很安定，香味保持時間驚人的持久（散發香味的時間），因此被用在許多香水上。不過很可惜，這個分子也會引發過敏反應，使用量受到限制。這個分子的商品名稱叫做新鈴蘭醛（Lyral），如**圖9－12**所示，醛基位置為有兩個位置異構物的混合體。

薔薇的香氣——持續性的提升

香味能停留在皮膚上多久，這對香味的實用性來說非常重要。就算剛搽上時散發濃烈香氣，但若氣味瞬間即消失也不適用。香氣最好在某個程度上能維持一段時間，以及適度的香

香茅醇　異丁烯基與苯基的分子大小差不多　苯基異己醇

圖9-13 增大分子量以提高香氣的持續性

氣。左右香氣分子的持續時間長短有各種因素，但蒸氣壓是關鍵因子之一。蒸氣壓是決定分子重量的關鍵，所以要延長香氣分子氣味的持久時間，方法之一就是讓分子重一點。若能將分子結構中對香氣影響不大的部份換成較重的結構，即可加重分子的重量。

香茅醇（Citronellol）（**圖9－13**）帶有柑橘特徵的玫瑰花朵香氣。異丁烯基（isobutenyl）（－CH=CH(CH$_3$)$_2$）是香茅醇最具特色的構造部份。如**圖9－13**中央所示，異丁烯基與苯基（灰色部份）幾乎重疊在一起。因此若這些基都對嗅覺受體作用時，可能會發生同樣的變動。同樣大小的原子團在與蛋白質之類的受體相互作用時會產生同樣變動的狀況稱作生物學等價性（bioisomerism）。也就是說，即使將異丁烯基換成苯基氣味的特性也不會有大幅改變。在醫藥分子設計上經常使用這種原子團置換的方法。苯基（C_6H_5）比異丁烯基（C_4H_7）重將近百分之五十。經過置換所得的苯基異己醇（phenoxanol）分子帶有清新，讓人聯想起玫瑰、天竺

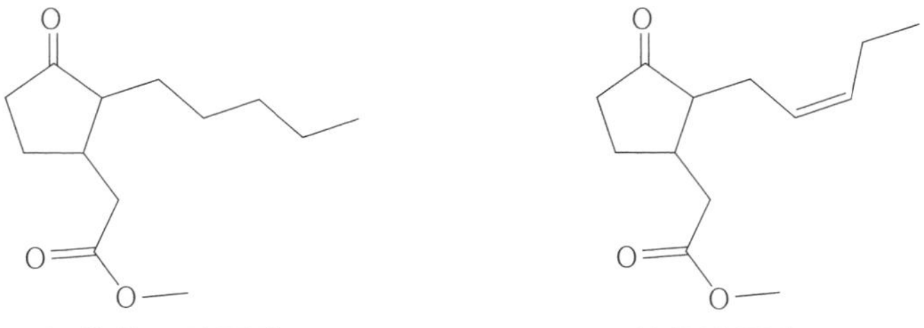

二氫茉莉酮酸甲酯　　茉莉酸甲酯

圖9-14 茉莉花中含的微量香氣分子

葵以及鈴蘭的花朵香味。苯基異己醇帶著更豐富更滑順的香氣。香氣像這樣逐漸地轉變，苯基異己醇擁有接近香茅醇的香氣。另一方面，它的蒸氣壓為〇・〇〇六mmHg，比香茅醇的〇・〇二mmHg低很多，如當初的想法變得較不易揮發所以也就大幅提高了香味的持續時間。運用有機化學進行合成最大的優勢是可以調配（創造）出具備所需性質的化合物。在寶格麗公司的Bvlgari E.D.P.香水中就含有大約百分之二・五的合成苯基異己醇，提供這款香水花朵與果香的香氣以及香氣的持久性。

茉莉花的香氣——微量成份

萃取一公斤的茉莉花芳香精油大約需要七百五十萬朵茉莉花。在茉莉花中也含有各種的香氣成份。其中，帶有透明感與溫暖的感覺，而創造檸檬清新氣味加上花朵溫柔效果的茉莉花香分子為茉莉酸甲酯（methyl jasmonate）（**圖9－14**）。這個化合物被命名為

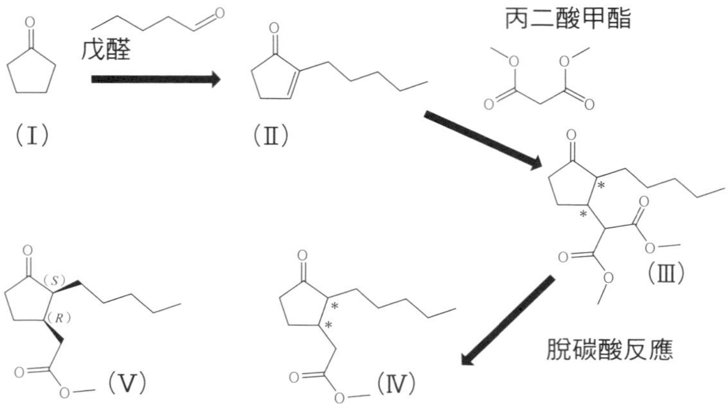

圖9-15 二氫茉莉酮酸甲酯（methyl dihydro jasmonate）

HEDIONE（二氫茉莉酮酸甲酯），在茉莉花中只存在極為微量。茉莉花的花朵一公斤超過四十萬日圓，因此若要以茉莉花萃取茉莉酸甲酯欠缺經濟效益。多一個或少一個雙鍵的差異，造就了茉莉酸甲酯與二氫茉莉酮酸甲酯。在茉莉花精油中，僅含有百分之〇．二～一．三的茉莉酸甲酯，因此以茉莉酸甲酯作為起始化合物配置二氫茉莉酮酸甲酯也很不划算。正因如此，化學家就研究了如何從便宜的原料進行化學合成的做法。此化學合成的路徑如**圖9－15**所示。原料使用的是很單純的分子環戊酮（Cyclopentanone）（I）。這種分子十公斤只需三萬日圓即可買到。將這個分子與戊醛（Pentanal）這種醛反應即可得到(II)的化合物。這個反應稱為羥醛縮合反應。下個步驟是與分子丙二酸甲酯（methyl malonate）反應，在雙鍵下方與另一個置換基結合(III)。這個反應稱作麥可加成反應（Michael reaction）。透過脫碳酸反應從(III)產生所需的二氫茉莉酮酸甲酯（methyl dihydro jasmonate）(IV)。但是在生成(III)時會產生兩個不對稱碳原子，所以得到四種光學異構物。在這四種中，(V)的分子香氣最強，實際上對產生茉莉花香氣的貢獻最大。為此，化學家也做了各種研究以便更能選擇性合成(V)，於是開發出能萃取(V)達百分之九十的方法。目前甚至可說很少有香水不含HEDIONE，獲得廣泛使用。現在超過百分之五十的香水都含有HEDIONE的成份。茉莉花的香氣能撫慰、療癒許多人的心，這也是托有機化學進步的一項優點。若必須從茉莉花萃取香氣分子時，香料價格想必昂貴到一般庶民高攀不得。

木質調香氣的展現

男性用香水必須具備超出女用香水的特徵。一九八八年Christian Dior推出的男性香水Fahrenheit（華氏溫度）帶有麝香的氣味，同時又帶有紫花地丁般花香調與木質調的香氣，吸引大眾喜愛。這款香水含有Iso E Super（**圖9－16**）這種自然界不存在的香氣分子高達百分之二十五。Iso E Super的香氣也成為Fahrenheit（華氏溫度）香水定了調。在同一時期上市

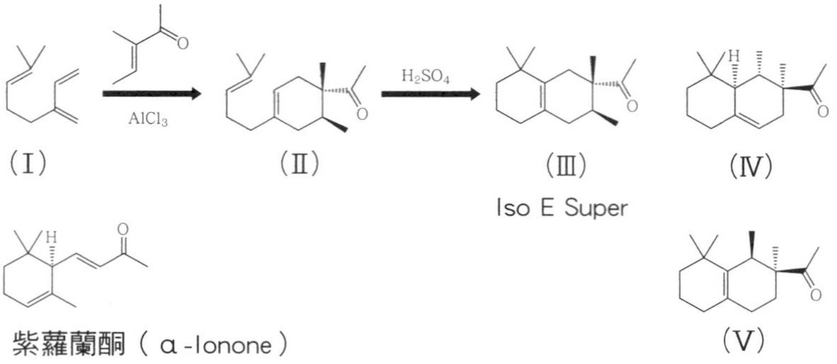

圖9-16 Iso E Super的合成

的卡文・克萊（CALVIN KLEIN）香水永恆（Eternity），也含有達百分之十二的Iso E Super，這個分子在香氣的構成上扮演著重要角色。永恆（Eternity）也是很受歡迎的香水。當初為了尋找具備紫花地丁氣味的香氣分子，化學家嘗試了各種化合物的合成。在研究的過程當中，偶然發現了Iso E Super。Iso E Super與過去從大自然發現的香氣分子很不一樣，具有明顯不同的特徵。原本的木質調給人一種沈重的感覺，但是Iso E Super分子則帶有透明、輕盈的風情。這個分子的氣味感受因人而異。有的人覺得聞起來帶有杉樹的氣味，有的人則覺得像麝香又像紫花地丁的味道。

工業上Iso E Super的合成法如**圖9－16**所示。原料使用月桂烯（myrcene）（I）。在存在氯化鋁的環境下讓（*E*）－3－甲基－3－戊烯－2－醇（3-Methyl-3-Penten-2-OL）

反應，即可得到立體選擇性的(II)化合物。然後將之與硫酸作用，在左側即可形成另一個環。這時候所形成的主要化合物就是當初被稱作Iso E Super的分子(III)。但在後來的調查中發現，這個分子實質上並沒有香味，Iso E Super的香味其實來自於反應物中所含約百分之五的不純物（不純物才是散發香味的來源）(IV)。相對於(III)的氣味閾值為每一公升一千萬分之五公克，(IV)為每一公升一兆分之五公克，所以(IV)擁有十萬倍的強烈香氣。

當然，也因此有化學家嘗試單以(IV)進行選擇性合成。細節姑且不論，這項以研究起點的紫花地丁香氣的主成份紫蘿蘭酮（α-Ionone）（**圖9－16**）作為起始原料的嘗試，的確成功地合成了(IV)。但是由於工程浩大，在工業合成上遭遇困難。於是，又有新的研究展開，尋找能散發(IV)的香氣，但是合成步驟更為單純的分子。科學家們持續追求夢想的結果，確認了(V)的分子具有與(IV)同等的香氣強度（閾值為每一公升一千億分之三公克），而且氣味特性更佳的分子。它是由瑞士奇華頓（Givaudan）公司銷售、名為喬治木（Georgywood）的香氣分子，廣泛用在蓮娜．麗姿（Nina Ricci）的Love in Paris等的香水上。木質調香氣分子在男性香水中扮演著重要角色。近年來隨著男性香水市場的成長，尋找新的木質調香氣分子的研究也在繼續進行中。

第10章 香氣分子的效果與安定性

10-1 香氣分子的效用

芬芳的氣味可以撫慰我們的心靈，產生療癒的效果。從人類利用散發香氣物質的歷史來看，香氣物質不單因為芳香的氣味能撫慰我們的心靈，同時也具有實用價值。在中世歐洲，就知道將玫瑰的芳香精油塗在傷口上能加速癒合速度。例如在文藝復興時期，翡冷翠的聖塔瑪莉亞諾維拉（Santa Maria Novella）就同時設有藥房，將所栽種的薰衣草等的萃取液當作藥品使用。到了近代，法國化學家蓋特佛塞（Rene-Maurice Gattefosse）在一九一〇年因為實驗中的爆炸事故，導致頭部與身體受到燒燙傷。當時他順手拿起手邊的薰衣草精油塗在傷口上，傷口很快就痊癒了。有了親身體驗後，蓋特佛塞推出了添加萃取自薰衣草之芳香精油的肥皂，在第一次世界大戰時被用來洗淨士兵們的衣服與繃帶。蓋特佛塞進行了芳香精油的相關研究，在一九三七年出版了名為《芳香療法》（*Aromatherapie*）的書。所謂的芳香療法（aromatherapy）這個字，就是蓋特佛塞所創造。在這樣的契機下，於是有關芳香療法的研究陸續展開。歐洲的民間療法很早以前就開始使用藥草，將帶有香氣的植物廣泛用於改善生活或是民間醫療上。藥草的效果不單來自香氣的魅力，塗抹或飲用香氣分子也能發揮功用。但本節中將限定在單純從鼻子吸入香氣時產生的效果來談談。

正如談到嗅覺的機制時所說，在五官的感覺當中，只有嗅覺能夠直接訴諸大腦邊緣系統（Limbic System）產生作用。因此氣味分子會直接影響我們的感情或情緒行為。雖然尚無足夠的明確科學資料可以證明，但因為嗅覺具備直對大腦作用的機制，所以當我們聞到芬芳氣味時，心情也跟著愉快飛揚，改善情緒上的不安或憂鬱狀態。

香氣可以控制血壓或食慾嗎？

在一個使用實驗鼠的實驗中，就針對薰衣草精油以及其香氣的主要成份芳樟醇（linalool）對自律神經傳遞的影響、降低血壓的效果進行確認（永井等，二〇〇六年）。在這個實驗中，證明了香氣分子對嗅覺受體作用後，也就是聞到香味以後所引發的這些現象，同樣的現象在人為刻意造成無嗅覺的實驗大鼠上並不會發生。而且實驗結果也報告，實驗鼠會因為薰衣草的香氣抑制交感神經的活動，活絡胃部副交感神經的活動，降低血液中的甘油濃度與體溫，促進食慾。抑制交感神經的活動，活絡副交感神經，這個情形套用在人體上就是情緒變得穩定的意思。相對地，葡萄柚與葡萄柚的香氣主成份檸檬烯（Limonene）則引發相反的反應。也就是說，聞到葡萄柚或檸檬烯的氣味時，實驗鼠的交感神經會受到刺激活化，胃的副交感神經受到抑制，血液中的甘油與體溫上升，食慾下降。此時若以人為方式讓實驗鼠失去嗅覺，就不會引發這個現象，所以當檸檬烯等香氣分子與嗅覺受體結合時，就可能引發食慾下降的情形。這個結果也顯示了利用葡萄柚的氣味預防（降低）肥胖的可能性。

有一個實驗比較了西布曲明（Sibutramine）這種減肥藥（日本未核可販售）與葡萄柚香氣的減肥效果（Sharaf 等，二〇一二年）。儘管葡萄柚的減肥效果並不強，但實驗結果顯示葡萄柚不像西布曲明（Sibutramine）會導致血壓上升。換句話說，葡萄柚的香氣可望獲得穩定的減肥效果。這項研究結果也顯示，嗅聞葡萄柚的氣味時，大部分的人都感受到新鮮與活潑的氣氛。另一方面，聞到薰衣草的氣味時，大多數人都感到情緒緩和而放鬆的感覺。這種感受差異明確顯示，香氣影響我們的精神活動同時也連帶引發身體上的活動。也就是說，這些研究明確顯示，只要巧妙利用香氣，就能改善我們的生活步調。

利用香氣消除壓力

香氣能令人放鬆，這意味著香氣能舒緩壓力。身體是否承受壓力可利用壓力標記（stress marker）測量人體感受壓力時分泌的物質濃度。有一項實驗透過測量唾液中所分泌的壓力標記皮質醇與嗜鉻粒蛋白A（CgA）的濃度，調查嗅聞薰衣草對壓力的感受會產生何種影響（戶田等，二〇〇八年）。這項實驗乃是讓三十名健康學生解數學題，承受壓力（喜歡數學的學生或許不覺得有壓力），然後研究嗅聞薰衣草香氣後壓力是否減輕。結果顯示，聞了薰衣草氣味後壓力標記的濃度明顯下降，顯然薰衣草香氣具有舒緩壓力的效果。

夜班工作會帶給人莫大的壓力。有一項實驗是針對剛上完夜班的醫療人員，讓他們嗅聞薰衣草的香氣，看看身體會出現什麼樣的變化（吉川等，二〇一一年）。我們知道壓力會導致血管內皮機能下降，所以實驗透過測量上臂的動脈擴張程度觀察承受的壓力程度。這裡所使用的檢查有一個艱澀的名稱，「血流介導之血管擴張反應」（Flow Mediated Dilation：FMD）。受試者首先吸三十分鐘薰衣草的香氣。結果顯示，薰衣草的香氣很明顯地減輕了通宵達旦的工作壓力。

我們知道精神壓力會阻礙冠狀動脈中的血液流動，連帶增加了引發心肌梗塞等危險症狀的機率。小室等人的研究（二〇〇八年）中，利用薰衣草的香氣研究是否可減輕這類壓力。實驗由三十名健康者擔任受試者。實驗品使用的是四滴芳香精油對二十毫升溫水的稀釋液。從附有滴管的瓶中取一滴芳香精油的量約為〇．〇五毫升，所以是約〇．二毫升的薰衣草精油溶於二十毫升溫水的意思。在承受壓力後，受試者嗅聞此稀釋溶液散發出的薰衣草香氣三十分鐘。結果顯示，冠心血流儲存值（coronary flow reserve；CFVR）（也就是冠狀動脈中的血流狀態）獲得改善。這項實驗中也同時測量了壓力標記皮質醇的濃度，皮質醇濃度也同步下降，顯然薰衣草的香味減輕了壓力程度。

本節中只介紹了薰衣草與葡萄柚的效果，但其實還有許多關於其他香氣的研究。從進行研究的年份也可看出，大部分的研究都是最近才實施的。換句話說，即使到了現在，有關各種香氣分子的功能，研究數量還很少。不少從事芳香療法的人員都不疑有他地相信「芳香精油是混合物，對身體很好」。其中大部分人對於找出各種香氣分子的效果，以科學方式調查都抱持消極的態度。但是筆者認為這是一種錯誤的觀念。我們應該以最純粹的形式明確掌握各種成份分子的效果，並且定量地評估其綜合性效果。科學研究不應止於分析，更應該整合理解，前進到下階段才是。我再重複強調，未經追根究底的分析就嘗試取得全面性的了解，通常只能導出質性的結論，未必有助於獲得質性的知識。透過局部理解全體或許存在許多困難，但若放棄不繼續深入，則科學的進步只會停頓不前。或許這個過程充滿困難，但是對於香氣的效果我們仍有許多不了解（難以了解）的地方有待探索。目前我們仍止於堆疊一個又一個事實的階段而已。

香氣與失智症

由於香氣能改善大腦負責學習與記憶的部位——大腦嗅覺皮質（Olfactory cortex），所以許多人認為香氣或許也能改善失智，於是展開相關的研究。在高齡化（超高齡化）社會的發展下，失智成為嚴重的問題，若能透過嗅聞香氣的溫和方式改善失智症狀，或是延緩失智症的惡化，將能帶來很大的效果。有一項實驗即針對阿茲海默症的重度病患，組合了多種芳香精油，研究受試者因為芳香精油對認知能力的變化（神保等，二〇〇八年）。這項實驗是在每天上午九時～十一時之間，以擴香器（Diffuser）在空氣中散佈迷迭香、樟腦與檸檬的香氣，同時在黃昏時，也從十九時三十分到二十一時三十分擴散薰衣草與甜橙的香氣，讓病患嗅聞香氣，這個方法也被稱為芳香浴。效果的評估採用觸控螢幕式失智症評定量表

（Touch Panel Type Dementia Scale：TDAS）。TDAS是使用觸控螢幕，以圖形的認知、金錢計算的理解、日期時間的定向感、名稱的記憶等項目，為病患的認知功能障礙打分數。這項實驗的結果顯示，六十五歲以上（失智症的號發年齡）的嚴重阿茲海默症病患，其TDAS值明確獲得改善。上午噴霧的迷迭香與檸檬的香氣組合能對交感神經產生優越作用，提高專注力，強化記憶力。夜間噴霧的薰衣草與柑橘的氣味組合則對副交感神經產生優越作用，鎮靜副交感神經，因此出現了改善阿茲海默症症狀的情形。

這個情形也適用於健康的人，可能產生預防失智症的效果。也就是說，經常以香氣分子刺激嗅覺細胞，可能可活化嗅覺細胞的再生，最終產生預防失智症的效果。這種療法和藥物療法不同，只是在一定時間嗅聞芳香的氣味，是一種溫和的療法，所以其應用也受到許多關注。除了這項研究外，近年來也有愈來愈多報告提出芳香精油改善了失智症的案例。例如有文獻提出茶樹精油能改善乙醯膽鹼（acetylcholine）的分泌。乙醯膽鹼減少與失智症有關，因此這類芳香精油的香氣應可作為失智症藥物療法的輔助療法。前文中也提過，目前對於芳香精油中所含的何種香氣分子能對失智症產生效果，尚未有太多的研究進展。隨著全球高齡化的發展，期待今後在找尋芳香精油所含分子對失智症預防有效的研究能夠有突飛猛進的發展。

老化與氣味的感覺

隨著年齡老化，嗅覺也會跟著愈來愈遲鈍。到了八十歲，有八成的人都感受到嗅覺上遭遇問題。除了嗅覺變得遲鈍外，對於氣味的辨識也退化。和高齡男性相比，高齡的女性似乎較能維持嗅覺。像阿茲海默症、帕金森氏症這類神經系統變性疾病的患者嗅覺能力皆明顯退化。阿茲海默症等最大的問題之一就是很難早期診斷發現，在發病的初期只會出現嗅覺異常症狀，所以目前是透過嗅覺檢查以期早期發現。今後對於氣味如何影響我們的精神這方面的科學研究若更發達，氣味的運用範圍可望將比今日更為廣泛。尤其在存在各種壓力的現代社會裡，若能維持人們個人的精神狀態，保持穩定，利用香氣分子在提升QOL（生活品質）上是非常吸引人的做法。筆者認為香氣的研究不應只侷限在時尚流行的用途，在思考提升人類生活品質QOL方面也十分重要。

10-2 香氣分子的安定性

以為來自大自然就比較安全的誤解

在一般大眾之間流傳著一種觀念，以為「採自大自然的物質比較安全，人造的物質具有毒性」。甚至有不少在大學中學習科學的人也都毫不懷疑地接受了這種觀念。但是這個觀念並不正確，在自然界裡其實存在許多毒性遠高於人造物質的天然物質。而且當我們談到毒性物質時，若其含量極為微少，事實上都不構成中毒問題，反倒是以為無毒的物質，當份量過高反而具有毒性。生於中世歐洲的毒理學之父帕拉塞爾蘇斯（Paracelsus，（一四九三～一五四一））曾經說過：是毒物還是藥物就看用量決定」，真是說得再正確也不過了。砂糖和鹽都是我們生存下去重要的物質。但是若以一公斤體重給予三十三公克糖的比例投與在實驗鼠身上時，一半的實驗鼠都將死亡。因為投與物質導致過半生物死亡的量，稱作LD－五〇值（半數致死劑量）。換成鹽時，對一公斤體重投與三・五公克鹽時，過半的實驗鼠會死亡。不同的生物種類LD－五〇值也不一樣。我們當然無法單純地將實驗鼠與人類拿來比較，但假設實驗鼠的LD－五〇值可以套用在人類的話，造成體重六十公斤的人類半數死亡的砂糖劑量（LD－五〇值）為一千九百八十公克。當然沒有人會一口氣吃下兩公斤的糖，但食用兩公斤糖也不是絕對不可能的事。話雖如此，砂糖談不上是危險物質。一小匙砂糖約四公克，這個份量加入咖啡中飲用非常安全。換句話說，所謂的安全與否視攝取物質的量決定。份量若遠低於LD－五〇值就很安全。一千九百八十公克是四公克的四百九十五倍，可判定十分安全。但是換成食鹽時，食用一大匙食鹽（約十八公克）的倍數比就比砂糖小多了。以砂糖的概念來看，體重六十公斤的人類的食鹽LD－五〇值為二百一十公克，倍數比為十一．七。所以看物質的毒性時，必須思考物質的毒性與實際可能攝取的量之間的關係。單純認為大自然的物質比較安全，人工合成的物質比較危險實在是非常錯誤的觀念。存在香煙中的尼古丁，其LD－五〇值為體重每公斤二十四毫克。連一般認為有益身體健康的維他命C，其LD－五〇值也是體重每公斤十二公克。

很多銷售香料商品，尤其是芳香精油的供應商都訴求「自然派」，強調產品的安全性。但是這種說法未必正確。近代以合成方法製造的合成分子通常純度都很高。而且一般的合成法的資訊都很透明，不少產品也都清楚標示光學異構物和不純物質的混合量。相對地，天然的芳香精油通常不提供栽培地區的土壤污染資訊，使用者也疏於關心芳香精油中含有何種不純物質，一般而言，產品所含的成份分子大多參差不齊。在選擇芳香精油時，香氣分子是如何取得並不重要，物質中含有何種化學成份，其含量有多少的數據是否透明才是關鍵。有良心的公司會客觀地公開可追溯源頭的成份分析表。

香氣分子的毒性

一般的氣味分子與砂糖或食鹽不同，不會經口攝取，所以無法單純根據LD－五〇值判定立即毒性。例如有文獻指出，薰衣草油的主成份芳樟醇對實驗鼠的LD－五〇值為每公克體重為二・七九公克，是安全性很高的分子。原則上香氣分子是擴散在空氣中，經由呼吸吸入，所以若從空氣中吸入時毒性程度令人關注。假設將〇・二毫升的香水塗抹在皮膚上，這個香水的香氣至少能持續數小時。若此香水中只含百分之十的特定香氣分子，那麼該香氣分子的量就是〇・〇二毫升。倘若在擦香水的人周遭一公尺立體空間內的人都能感受到香水的芬芳時，代表此分子擴散到約八立方米的空間中。單純假設此分子的比重為一，則〇・〇二毫升的分子重量為二十毫克，那麼在有香氣傳播的空間內，該分子的濃度為二・五ppm （ppm為意味一百萬分之一的單位）。這樣的計算是以香氣分子在瞬間全部揮發時的算法，所以實際空間中的香氣分子濃度遠比計算值低了許多。劇毒VX神經毒氣的致死量為一分鐘濃度為〇・一ppm。另外，毒性很強的硫化氫在濃度超過3ppm時，會散發聞了讓人不舒服的氣味。換言之，市面上販售的香水，其所含之香氣分子在平常的使用方式下（極為微量），不必去考慮吸入所產生的毒性。當然，對於不喜歡該氣味的人來說，聞了可能成為令人不快的臭味，但是都不至於具有致人於死的毒性。

香氣分子引發的過敏

香氣分子通常存在香水或化妝品當中，使用時會接觸到人體肌膚，所以最讓人憂慮的是對皮膚的影響。這樣的影響從輕微到重度。前文中也談到，所有的物質是否具有毒性端視其含量多寡而定。事實上，香水中所含的香氣分子包含自然界的成份在內，都可依照其對皮膚造成的刺激性分類。當然市售商品一定挑選刺激性低的分子使用，因此在正常的使用條件下對一般人都不具強烈刺激性。

皮膚乃是為了防禦外界異物入侵人體的防護牆，因此化學物質的入侵也受到限制。但是事實上大部分的化學物質都是經由皮膚吸收。有一些香氣分子能通過角質進入表皮，引發免疫反應。有些分子在初期看似無害，但在反覆接觸下逐漸引發過敏反應。到達這個狀態（致敏狀態）時，即使分子濃度未達刺激反應的程度，照樣會引發過敏反應。這類過敏反應通常會出現在接觸的一～兩天後，連續出現數日症狀會逐漸惡化。單純受刺激引發的情形很容易治療，但是這類症狀在接觸後卻會持續數日，甚至數週時間。有些人甚至只要接觸含有少量該成份的產品就會出現過敏反應，症狀嚴重。化妝品業界為了避免化妝品引發過敏反應的傷害，也提議在商品標示中列出最常出現過敏反應的香氣分子。引發過敏反應的物質稱作過敏原，**表10－1**中列出了部份的過敏原物質。過去曾經出現過敏反應的人至少應避免使用含表中所列物質的產品，或在使用時多加注意。請注意在**表10－1**中包含了許多植物成份，例如香茅油、丁香油酚、香葉醇等等。香水、乳霜等停留在皮膚上的產品中若含有這些成份超過一〇ppm時，就必須在商品標籤中標示出來。洗髮精或肥皂之類須沖洗掉的產品的標示量則為一〇〇ppm以上。日本化妝品工業連合會規定所有的成份（基本上按照含量多寡的順序）皆須標示，因此在使用以前即可得知上述過敏原的資訊。若產品完全未標示物質的名稱，那麼使用者就須提高警覺。至少日本的化妝品業界在製造產品時，非常注意安全，所以基本上我們都能放心地享受香氣的樂趣。不過前面也說明過，毒性因個人的體質或使用條件大不相同，所以在使用化學物質時必須隨時謹記在心。

表 10-1 成為過敏原的香氣分子例

戊基桂皮醛（amyl cinnamaldehyde）
戊基肉桂醇（amyl cinnamyl alcohol）
茴香醇（anise alcohol）
苯甲醇（benzyl alcohol）
苯甲酸　酯（benzyl benzoate）
桂皮酸　酯（benzyl cinnamate
水楊酸　酯benzyl salicylate
肉桂醛（cinnamaldehyde）
肉桂醇（cinnamyl alcohol）
檸檬油醛（citral）
香茅醇（citronellol）
香豆素（coumarin）
α-異甲基紫羅酮（α-isomethyl Ionone）
(+)-檸檬烯（(+)-limonene）
丁香油酚（eugenol）
金合歡醇（farnesol）
香葉醇（geraniol）
己基肉桂醛（hexyl cinnamaldehyde）
羥基香茅醛（hydroxycitronellal）
異丁香酚（isoeugenol）
芳樟醇（linalool）
新鈴蘭醛（lyral）
鈴蘭醛（lilial）
甲基庚炔碳酸鹽（methyl heptine carbonate）
橡苔（oak moss）萃取物
樹苔（tree moss）萃取物

光毒性

一九七〇年代許多人在使用了防曬用品後，出現了各種皮膚炎等異常症狀。經過調查發現，這是因為防曬產品所使用的香料中，含有6－甲基香豆素（6-Methylcoumarin）（**圖10－1**）的關係。6－甲基香豆素是一種平面型分子，可以滑入DNA的鹼基對之間。在這樣的狀態下若照射到紫外線，這個分子就會吸收紫外線，形成極端活化的狀態（激活狀態）。DNA是由嘧啶鹼基（pyrimidine base）（胞嘧啶〔cytosine〕與胸腺嘧啶〔Thymine〕）以及嘌呤鹼基（purine base）（腺嘌呤〔Adenine〕與鳥嘌呤〔Guanine〕）構成，進入激活狀態的分子會與嘧啶鹼基結合。這就會引發發炎反應，導致皮膚上冒紅斑，出現曬傷似的發炎與疼痛。症狀嚴重時，甚至會長水泡。這類症狀在晒太陽初期並不會立即出現，一直到經過三十七～七十二小時候才發生。而且在急性發炎過後，皮膚上持續數週甚至數個月呈現色素過剩的狀況。而且6－甲基香豆素的含量越多，或者照射紫外線的量越高，皮膚炎的症狀越嚴重。在後來的研究也發現7－甲基香豆素與7－甲氧基香豆素（7-Methoxycoumarin）（**圖10－1**）也都具有同樣的光毒性。這類化合物目前已經遭禁止使用了。

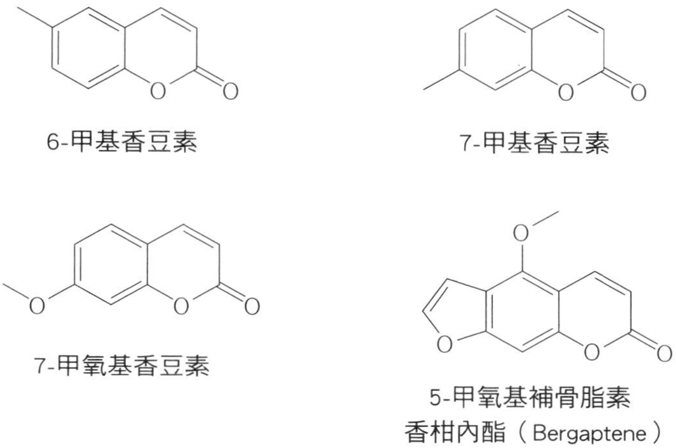

圖10-1 具有光毒性的分子

另外，來自柑橘類果皮的芳香精油或無花果樹葉的純香（Absolute）中，也含有統稱為呋喃香豆素（furanocoumarins）的光毒性成份。柑橘類水果的芳香精油中含有百分之三以下的呋喃香豆素，這個成份即使稀釋一〇〇倍依然會產生光毒性。有些等級的佛手柑油中含有5－甲氧基補骨脂素（5-methoxypsoralen）（香柑內酯〔Bergaptene〕，**圖10－1**），這是眾所周知含有強烈光毒性的呋喃香豆素的成份。即使是僅含百分之〇・三香柑內酯等級的佛手柑油，在使用時也受到管制。目前販售的大部分柑橘類芳香精油，已經在蒸餾或萃取的過程中去除了呋喃香豆素，這類產品的標示上會記載FCF（不含呋喃香豆素）的字樣。無花果樹葉的純香中含有百分之〇・〇〇一的呋喃香豆素，即使這麼低濃度依然會產生光毒性，所以禁止使用。

其他毒性

經由皮膚吸收的分子會循環到全身各部位，因此也存在皮膚以外的毒性疑慮。文獻報告至少有兩種氣味分子具有神經毒性。一種是7－Acetyl－6－ethyl－1,1,4,4－tetramethyltetralin（AETT**圖10－2**）的分子。這種分子為合成麝香，在塗抹於實驗鼠的皮膚後造成了神經系統損傷，因此禁止使用。有趣的是，構造極為類似的7－Acetyl－1,1,3,4,4,6－hexamethyltetralin（**圖10－2**）就不具神經毒性，這個化合物被當作人工合成麝香，廣泛使用。7－Acetyl－1,1,3,4,4,6－hexamethyltetralin帶有龍涎香調的果香味麝香香氣。以目前的知識程度，很難從化學構造上微妙的差異，預測物質是否會產生毒性。另外還有一個合成麝香的例子——葵子麝香（musk ambrett，**圖10－2**）。經過研究確認，此分子經由皮膚吸收的比率很低，這也消除了原本懷疑其具有神經毒性問題的疑慮。但是葵子麝香依然存在光毒性的問題，結果這種分子也遭到禁用。同樣地，也有另一種化學結果非常相似的成份——麝

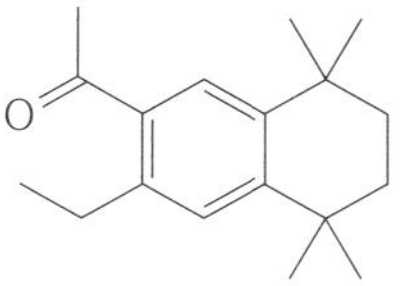

7-Acetyl-6-ethyl-1,1,4,4-tetramethyltetralin

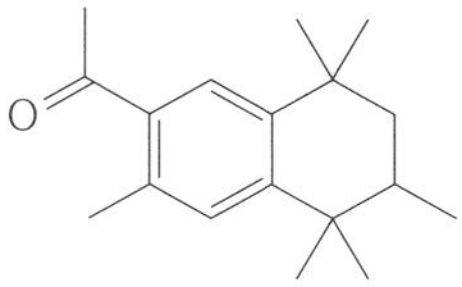

7-Acetyl-1,1,3,4,4,6-hexamethyltetralin

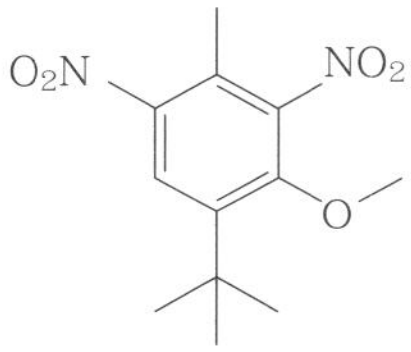

葵子麝香
（疑似具有神經毒性的分子）

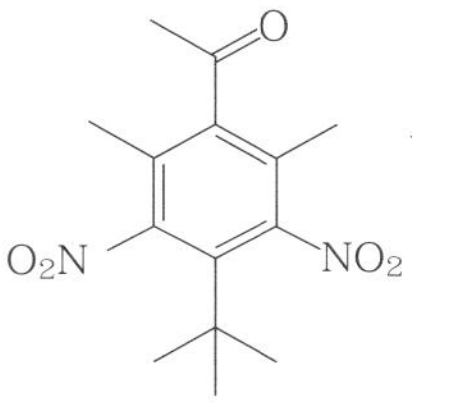

麝香酮

圖10-2 具有神經毒性的分子

香酮（musk ketone，**圖10－2**）卻不具毒性。由於這類毒性問題上有許多難以預測的謎題，所以必須透過實驗，一一確認各種分子的毒性。

有關毒性的法規

包括香料在內，世界各國以及在國際間都針對各種化學物質制定了安全規範，實施運用。從二十世紀後半開始，這類規範逐漸普及成為國際性規範，在各國相互合作下以便安全使用化學物質。在香料的部份，一九六六年美國成立了一個非營利機構「香粧品香料原料安全性研究所」（Research Institute for Fragrance

Materials；ＲＩＦＭ）。這裡所謂的「香粧（Fragrance）」是指使用於香水、古龍水等化妝品、衛浴產品、家用產品、以芳香劑作為代表的芳香製品等方面的香料。ＲＩＦＭ是一所評估香料所含成份之安全性的獨立機構，由全球的香料公司、化妝品公司等民間企業共同營運。這所機構蒐集各種與安全性相關的資料，進行分析，並共享資訊。目前ＲＩＦＭ已經實施了超過一千三百種香料的試驗。

另外還有一個組織是「國際日用香料香精協會」（International Fragrance Association；ＩＦＲＡ）。這個協會是在一九七三年由世界各國的香料工會等所成立，總部位於比利時的布魯塞爾。這個單位主要從事的是，用於化妝品等用途之香料對生物產生之影響的科學性研究與調查，並根據研究結果，制訂業界自主規範的業界準則（code of practice），推動整體業界遵守這些規約。ＩＦＲＡ也與世界各國的政府機關、世界衛生組織（ＷＨＯ）合作，並且積極推動各種相關活動。在日本，日本香料工業會（http://www.jffma-jp.org/）就以ＩＦＲＡ成員的身分在日本推廣各種活動。

企業在遵循這類組織規範下所銷售的香料，應該可以確保安全無虞。但正如筆者反覆強調的，我們對於毒性的科學，了解程度依然有限。在ＩＦＲＡ的規範當中，仍然存在為數不少資料不足的香料。而且毒性的發作也與個人體質、使用環境、使用狀況等息息相關。所以若對安全性有疑慮時，首先使用的本人應立即停用，這點至為關鍵。使用香料時，不論是取自天然的香料或是化學合成的香料，必須切切記住這些香料都是化學物質。

第11章

舒適香氣的祕密

11-1 多種香氣的組合

芳香精油、香水，其成份都包含了多種的分子。這些香氣分子同時或分批地刺激我們的嗅覺，創造出香氣的個性。香水的香氣會隨著時間變化，這是香水最吸引人的魅力之一。香氣分子首先必須變成氣體飄抵嗅覺細胞，所以各個成份的揮發性變成重要關鍵。但是，掌握單一分子的揮發性比較單純，像芳香精油或香水這類含有多種成份的產品，要掌握各個分子的揮發狀況就有難度了。因為各個成份分子的分子間相互作用會明顯影響到揮發性。在實際應用上，一般會將各香氣成份的揮發分類成三個階層。這個分類有助於了解香氣的特色，而且也很符合我們親身的實際體驗。這三個階層就是前調（top note）、中調（middle note）以及後調（base note）。

前調是香氣給人的第一印象，也是剛搽上香水最初十分鐘左右散發出的香氣。前調是最早汽化的分子，所以一般而言分子量較小，沸點也較低。事實上，前調分子的沸點大多是落在一六〇～二二〇℃之間，這類分子通常具有明確的輪廓，例如柑橘調、綠葉調、香草調、果香調、醛香調等等。

中調為香氣的核心，產生中調香氣的分子沸點落在二五〇℃附近。中調的香氣在揉了以後可持續散發香氣約三個小時。之後散發香氣的是後調用的香氣分子，在這類後調分子中，有一些在開始散發香氣時甚至有一些令人不悅的氣味。中調香氣有部份的功能就是為了緩和不悅的氣味，同時讓香氣有層次。中調香氣的質地以花香調為主。

後調也就是最末尾貢獻餘香的部份，揉了以後香氣會一直持續約十二小時後。後調的香氣分子沸點約在二八〇～三二〇℃，由揮發性較差的分子構成。因此也都是一些分子量較大的分子。後調的香氣分子對維持香氣持續性上扮演著重要角色，也是拖延其他的香氣氛子，發揮延緩氣化速度（提高持續性）的保留劑作用。後調的香氣質調通常鼠木質調、麝香調、苔蘚調、琥珀調、香脂調等，如字面的感覺都屬於比較厚重的氣味，也決定該香水給人的最終印象。

表11－1基本上為天然芳香精油的調性分類。天然芳香精油中，有些被歸類成好幾種的調性。天然芳香精油為多種成份的混合物，因此其特徵也展現出數種不同沸點的成份分子。此外，由於純香也囊括了高沸點的分子在內，因此常被用作後調使用。天然芳香精油適合作

為何種調性使用，須視其所含分子的特徵決定。例如檸檬等柑橘類所含的香氣成份中，檸檬烯佔了大部分，因此低沸點的檸檬烯即可作為天然芳香精油的前調。相對地，最能代表檀香木的香氣分子檀香醇的沸點為三〇二℃，因此適合用於後調。

前調、中調、後調的氣化速度與氣化時間並非全然不同，在香氣散發的初期階段，後調的香氣其實也開始散發，只是比率相對較低。巧妙配製前調、中調與後調的混合比例，就像是在形塑一款香水的個性。這個混合比例應該也決定了各個香氣分子彼此間的相互作用，但是以目前的研究水準，仍然無法預測分子相互作用的關係，無法以此為依據開發創造香水。從最終來看，後調決定了香水的性格。在香水賣場中，若將試用過各款香水的聞香紙擺放一段時間後，有時重新拿起來聞時會感覺氣味都相同，難以區別。這對像我這種不是調香師的外行人來說，就會發生這種狀況。這是因為能用作後調的香氣分子種類很少的結果。不過也有明顯差異很大的後調氣味，令人印象深刻。

表11－2是將常見的香料分子按照調性所作的分類表。這些都是純粹的分子，但是不同的人對調性分類的方法看法可能不同。調性分類屬於一種感性的分類行為，所以這裡的例子正好也凸顯出規格化的困難。

表11-1 芳香精油的調性分類

前調	中調	後調
檸檬	玫瑰	玫瑰abs（-M）
柑橘	橙花（-T）	茉莉花abs（-M）
佛手柑	天竺葵	檀香木
薰衣草（-M）	杜松子	乳香（Olibanum）
迷迭香	洋甘菊	安息香
薄荷	依蘭（-B）	橙花abs（-M）
尤加利	丁香	橡苔
茶樹（-M）	百里香	快樂鼠尾草Clary Sage（-M）
萊姆	西班牙辣椒（Pimiento）	雪松（Cedarwood）
苦橙（petitgrain）	肉桂（-T）	岩蘭草（Vetiver）
柑橘（mandarin）		廣藿香（patchouli）
苦橙葉		香草
墨角蘭（marjoram）		安息香樹（styrax）
香菜		鳶尾花（-M）
白松香（-M）		

括弧內的-T、-M與-B代表香氣也擴散到各個前調、中調、與後調領域。Abs為純香的意思。

表11-2 合成香料的調性分類

前調	中調	後調
芳香醇（Linalool）	松油醇（Terpineol）	順式茉莉酸（cis-Jasmonic acid）
乙酸沉香酯（Linalyl acetate）	香葉醇（Geraniol）	紫蘿蘭酮（Ionone）
玫瑰醚（Rose oxide）	香茅醇（Citronellol）	金合歡醇（Farnesol）
乙酸乙酯（Ethyl acetate）	乙酸香葉酯（Geranyl acetate）	甲基紫羅酮（Methyl Ionone）
檸檬烯（Limonene）	乙酸香茅酯（Citronellyl acetate）	香草精（Vanillin）
樟腦（Camphor）	苯乙醇（Phenethyl alcohol）	香豆素（Coumarin）
苯甲醛（Benzaldehyde）	檸檬油醛（Citral）	胡椒醛（Heliotropine）
辛醛（Octylaldehyde）	丁香油酚（Eugenol）	肉桂醇（Cinnamyl alcohol）
	冰片（Borneol）	γ－十內酯（γ-Decalactone）
	香茅醛（Citronellal）	Iso E Super
	乙酸苄酯（Benzyl acetate）	新鈴蘭醛（Lyral）
	百里酚（Thymol）	龍涎呋喃（Ambroxan）
	HEDIONE（二氫茉莉酮酸甲酯）	麝香類
	脂肪族醛類	

11-2 觀察香水的香氣分子組成

對香水的結構有些認識後，感受香水的方法也會很不一樣。本節將分別舉兩款目前在日本很受歡迎的男性香水與女性香水為例，簡單介紹它們的香氣分子結構。這些香水所含的成份性質如**表11－3**所示。若文獻提供的沸點是在一個範圍內時，則表中所示的沸點為較低溫的沸點。蒸氣壓是在二十～二十五℃的環境下測定。

義大利寶格麗的Bvlgari pour homme是人氣男性香水之一，包裝盒上顯示的成份包含了六種香氣分子。從沸點來看，前調主要來自檸檬烯（Limonene）與芳香醇（Linalool）。因此可猜測香水最初會漂揚著柑橘類甜甜的香氣。中調由檸檬油醛（Citral）、香葉醇（Geraniol）以及羥基香茅醛（Hydroxycitronellal）構成，所以可以想像在檸檬調的柑橘香氣漂散的過程中，逐漸顯現玫瑰與百合甜美的氣味，花香氣息持續一段時間。後調完全由新鈴蘭醛（Lyral）（羥異己基3－環己烯基甲醛（Hydroxyisohexyl 3-Cyclohexene Carboxaldehyde）構成，所以可確認這款香水一直到最後都會持續散發著鈴蘭與仙客來的香氣，是一款輕柔花香的香水。筆者本身也實際用過這款香水，親身體驗過前述的香氣變化。另一款男用香水是亞蘭德倫（Alain Delon）公司的男武者（Samourai）香水。在商品的標示上記載含有十一種的香氣成份。根據沸點判斷，前調的香氣來自檸檬烯（Limonene）、芳香醇（Linalool）以及苯甲醇（benzyl alcohol）。所以男武者香水的前調同樣飄散著柑橘的香氣，但因為添加有苯甲醇，所以還會再出現玫瑰般的花朵香氣，為整體香氣添加溫潤的感覺。中調是由香茅醇（Citronellol）、檸檬油醛（Citral）、香葉醇（Geraniol）以及丁基苯基甲基丙（Butylphenylmethylpropional）構成，所以在柑橘的餘韻當中飄散著玫瑰、鈴蘭的香氣，創造花朵開朗華麗的芳香氣氛。後調的成份是α-甲基紫羅酮（Methyl Ionone）、香豆素（Coumarin）、新鈴蘭醛（Lyral）以及苯甲酸苄酯（Benzyl benzoate）。在沈穩的花香中，瀰漫著木質調（Woody）、香脂（Balsam）以及香草的寧靜香氛。筆者個人的感想是，高蒸氣壓下萃取的香豆素氣味較為強烈，所以反而是從中調才開始聞到香氣的調性。

女用香水的第一款要談的是浪凡（Lanvin）公司的光韻香水（Eclat d'Arpege）。這款香水的成份比較單純，包含了四種成份。前調是檸檬烯（Limonene），洋溢著清爽的柑橘香氣。中調為檸檬油醛（Citral）與丁基苯基甲基丙（Butylphenyl methylpropional），在柑橘的餘香中香氛逐漸轉為花香調，逐漸顯現出鈴蘭的香味。後調為新鈴蘭醛（Lyral），所以瀰漫著帶有鈴蘭與仙客來花朵甘甜的花香氣息持續散發。蔻依（Chloé）公司的Eau de parfume，前調是檸檬烯（Limonene）與芳香醇（Linalool）。讀者可以從前面的敘述想像這樣的前調會產生什麼樣的香氣氛圍。中調是由香茅醇（Citronellol）、香葉醇（Geraniol）與α-異甲基紫羅酮（Isomethyl Ionone）、羥基香茅醛（Hydroxycitronellal）以及丁基苯基甲基丙（Butylphenyl methylpropional）所構成。在柑橘類的餘香中，玫瑰、紫花地丁、鳶尾花、百合以及鈴蘭的香味共同創造出華麗的芳香氛圍。後調是由新鈴蘭醛（Lyral）、水楊酸苄酯（Benzyl salicylate）以及己基肉桂醛（Hexyl cinnamaldehyde）構成，在鈴蘭轉換圍茉莉香的香氣略微重疊的花香調香氣中，以及香草的木質調和綠葉調的香氣環繞中，後調提供沈靜的香氣氛圍。

上述的香氣分析，是筆者根據這些香水所公開的各種成份分子，以及筆者親身體驗的氣味印象所得的論述。筆者不是調香師，可能論述方式與調香專家有不少相異之處。但即使是素人，若能認知到香氣的結構，一一分解去感受香氣，也能區別認知到香氣的來源。筆者認為，這種體驗香氣的方式能讓使用者加深對香氣的了解，也放大香氣的愉悅體驗。或許只有科學家才會如此體驗香水，但有興趣的讀者也可嘗試如前文所述地去分辨成份分子，實際感受香氣在時間當中怎麼轉變。若能關注氣味的轉變，想必也能體會各階段調性的香氣分子如何相互作用。當然，使用香水不是為了分析，而是感受在時間的流動中香氣轉變的故事，一般人在享用香水時是不須皺著眉頭，嚴肅地體會及分辨的。

	香味系統	香氣強度	香氣特徵	持續時間（小時）
	柑橘	中	柑橘、柳橙、清新、甘甜	4
	花香	中	柑橘、花香、甘甜、薔薇木、木質、綠葉調、藍莓	12
	柑橘	中	鮮明、檸檬、甘甜	12
	花香	中	甘甜、花香、果香、玫瑰、蠟味、柑橘	60
	花香	中	花香、百合、甘甜、綠葉、蠟味、熱帶、哈蜜瓜	218
	花香	中	花香、鈴蘭、仙客來、大黃、木質味	400
	柑橘	中	柑橘、柳橙、清新、甘甜	4
	花香	中	柑橘、花香、甘甜、薔薇木、木質、綠葉、藍莓	12
	花香	中	花香、玫瑰、苯酚、香脂	35
	花香	中	花香、皮革、蠟味、玫瑰、柑橘	56
	柑橘	中	鮮明、檸檬、甘甜	12
	花香	中	甘甜、花香、果香、玫瑰、蠟味、柑橘	60
	花香	中	花香、鈴藍、清水、綠葉、爽身粉、孜然	236
	爽身粉	中	甘甜、爽身粉、果香、花香、紫蘿蘭、蜜蠟、鳶尾草、木質	不明
	樹脂	中	甘甜、乾草、零陵香豆、櫻花	364
	花香	中	花香、鈴蘭、仙客來、大黃、木質	400
	樹脂	低	甘甜、樹脂、油脂、香草	322

表11-3 香水的香氣結構（男用香水）

	成份名	分子量	沸點（℃：760mmHg）	蒸氣壓（mmHg）	
Bvlgari pour homme	檸檬烯（Limonene）	136.23	175.0	0.198	
	芳香醇（Linalool）	154.25	198	0.16	
	檸檬油醛（Citral）	152.23	228	0.200	
	香葉醇（Geraniol）	154.25	229.0	0.021	
	羥基香茅醛（Hydroxycitronellal）	172.26	241.0	0.003	
	新鈴蘭醛（Lyral）	210.31	318.65	0.000029	
Samourai	檸檬烯（Limonene）	136.23	175.0	0.198	
	芳香醇（Linalool）	154.25	198	0.16	
	苯甲醇（benzyl alcohol）	108.13	205	0.094	
	香茅醇（Citronellol）	156.26	225	0.02	
	檸檬油醛（Citral）	152.23	228	0.200	
	香葉醇（Geraniol）	154.25	229.0	0.021	
	丁基苯基甲基丙（Butylphenylmethylpropional）	204.31	250.0	0.005	
	α-甲基紫羅酮（Methyl Ionone）	206.32	238	0.003	
	香豆素（Coumarin）	146.14	297	0.1	
	新鈴蘭醛（Lyral）	210.31	318.65	0.000029	
	苯甲酸苄酯（Benzyl benzoate）	212.24	323	0.0025	

	香味系統	香氣強度	香氣特徵	持續時間（小時）
	柑橘	中	柑橘、柳橙、新、甘甜	4
	柑橘	中	鮮明、檸檬、甘甜	12
	花香	中	花香、鈴蘭、清水、綠葉、爽身粉、孜然	236
	花香	中	花香、鈴蘭、仙客來、大黃、木質	400
	柑橘	中	柑橘、柳橙、清新、甘甜	4
	花香	中	柑橘、花香、甘甜、薔薇木、木質、綠葉調、藍莓	12
	花香	中	花香、皮革、蠟味、玫瑰、柑橘	56
	花香	中	甘甜、花香、果香、玫瑰、蠟味、柑橘	60
	花香	中	紫蘿蘭、甘甜、鳶尾花、爽身粉、花香、木質	124
	花香	中	花香、百合、甘甜、綠葉、蠟味、熱帶、哈蜜瓜	218
	花香	中	花香、鈴蘭、清水、綠葉、爽身粉、孜然	236
	花香	中	花香、鈴蘭、仙客來、大黃、木質	400
	樹脂	低	樹脂、香草、油脂、甘甜	384
	花香	中	清新、花香、綠葉、茉莉花、香草、蠟味	400

表11-4 香水的香氣結構（女用香水）

	成份名	分子量	沸點（℃ : 760mmHg）	蒸氣壓（mmHg）	
Eclat d'Arpege	檸檬烯（Limonene）	136.23	175.0	0.198	
	檸檬油醛（Citral）	152.23	228	0.200	
	丁基苯基甲基丙（Butylphenyl methylpropional）	204.31	250.0	0.005	
	新鈴蘭醛（Lyral）	210.31	318.65	0.000029	
Eau de parfume	檸檬烯（Limonene）	136.23	175.0	0.198	
	芳香醇（Linalool）	154.25	198	0.16	
	香茅醇（Citronellol）	156.26	225	0.02	
	香葉醇（Geraniol）	154.25	229.0	0.021	
	α-異甲基紫羅酮（Isomethyl Ionone）	206.32	231	0.006	
	羥基香茅醛（Hydroxycitronellal）	172.26	241.0	0.003	
	丁基苯基甲基丙（Butylphenyl methylpropional）	204.31	250.0	0.005	
	新鈴蘭醛（Lyral）	210.31	318.65	0.000029	
	水楊酸苄酯（Benzyl salicylate）	228.24	320	0.00017	
	己基肉桂醛（Hexyl cinnamaldehyde）	216.32	336.31	0.001	

結語

今日「芬芳的香氣」已經成為提供舒適、愉快生活上不可或缺的一部份。在這樣的環境中，為了靈活運用「芬芳的香氣」提升生活的QOL，我們必須最低限度地掌握「香氣」的真面目，了解香氣的科學知識。但是遺憾的是，我們一直沒有機會學習一套「香氣」的學問。本書將了解「芬芳的香氣」、學習運用香氣上所需的科學知識做了精簡的整理。目前，相較於對視覺與聽覺的研究，人類對嗅覺的科學研究腳步大幅落後。期待書中對於氣味、嗅覺能有合理且清晰說明的讀者讀了本書或許多少會失望，但是我想讀者們應該也意識到，關於嗅覺的研究並非被忽略，事實上嗅覺的研究非常困難才是研究成果不多的關鍵因素。換言之，嗅覺是極為原始的感覺，直到今天，尚有許多重要的問題仍未獲得科學的研究。也就是說，隨著科學的研究進步，今後，「芬芳香氣」的應用範圍以及應用的潛力，可望大幅擴大拓展。

過去「芬芳的香氣」因為價格昂貴，是一種只有少數人能使用的奢侈品，而非必需品。但是，隨著化學的進步，「芳香的氣味」終於成為日常生活的一部份。甚至在最近，「芬芳的香氣」可能因為其安定心神，讓人愉悅的效果，可望應用在失智、壓力等現代社會精神疾病的問題解決方法之一。而且，相關的科學根據也正在一點一滴累積當中。

「芳香的香氣」從過去只是扮演粧點時尚的角色，發展到積極應用來提升我們生活品質QOL的時代，換句話說，香氣已經從奢侈品成為生活必需品了。

希望本書能幫助希望藉助「芬芳的香氣」的力量提升QOL的讀者們，更加解科學的道理，有效運用香氣。此外，我也深切期待有更多的年輕讀者因為本書的啟發，踏上研究「芳香氣味」的道路，成為這個領域的研究人員。

補充說明　學習化學構造

即使明白了芳香精油中含各種香氣分子，但是在掌握香氣的各種性質時，首先必須掌握這些分子的化學構造長什麼樣子。這時候的第一步是將複合在一起的分子分開，而且有一個極為方便的方法——氣相層析法（Gas chromatography）可使用。但是光靠氣相層析法無法看出個別分離的分子的化學構造，還須藉助各種分析方法才能找出分子化學構造的各種訊息，透過綜合分析方能掌握分子的化學構造。找出（推定）分子化學構造的方法也是形形色色，在補充說明的這一節，將以質量分析、紅外線吸收以及核磁共振（NMR）為中心說明化學構造的推定方法以及推定的流程。事實上，光靠這些方法並無法確定所有分子的化學構造，遇到這種狀況時，還須仰賴其他的分析方法。透過這些方法，我們可以了解分子的化學構造，甚至深入了解分子的性質或特質。這裡要以薰衣草所含的一種香氣成份的分子——芳樟醇（linalool）（**圖1**）為例，介紹如何運用前述方法推定其化學構造。

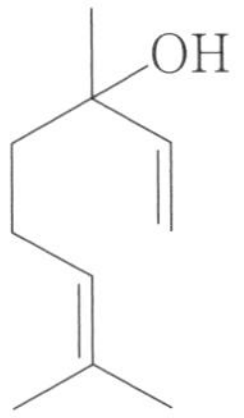

圖1 芳樟醇（linalool）的化學構造

質量分析法

質量分析法的英文為mass spectrometry（MS），所以也稱作質譜分析法，但在一般稱作質量分析法或縮寫的MS。所謂的質量，簡單地說就是重量（不過在此事實上並不是）。世界上存在數量無以計數的分子，但是這當中質量一模一樣的分子少之又少。而且掌握到分子的質量後，就能將分子可能的化學構造縮小到一定範圍。

那麼，分子的質量該怎麼測量？分子極為微小，總不能一個一個捏起來測量重量。測量分子時，是利用在質量分析計內的真空環境下以電子碰撞分子，將分子中的電子撞擊出去。這時候分子就會被轉化成離子，這樣的離子化也意味著粒子樣本帶有正電。帶電粒子的運動方向會受磁場影響轉彎，越輕的粒子、也就是質量越小的粒子轉彎的程度越大。換言之，只要利用磁場影響轉彎的程度，就能區分質量大小不同的粒子。這情形的模式圖如**圖2**所示。為了讓圖的呈現更為明瞭，這裡以質量四十四、四十五以及四十六的離子為例。

如**圖2**所示，電子碰撞分子以後，整個分子中有一個電子游離出去後，就會形成與該分子質量相等的離子。這麼一來就能順利得到分子的質量。穩定的分子可利用這種方法得到質量，但是像芳樟醇這樣的分子，在所帶電子遭到碰撞後，分子即會被破壞成碎片離子。即使

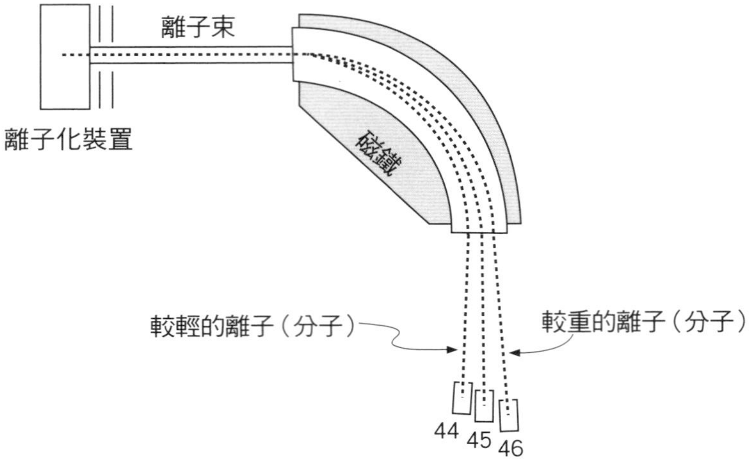

圖2 質譜法的簡單機制

如此，裂解的離子碎片依然屬於該分子固有的特性，所以經過較為複雜的分析依然能根據所形成的分子碎片推斷出該分子的化學構造。這種以電子碰撞形成離子碎片或轉換為離子的方法稱作電子撞擊法（electron impact：EI）。

談道理不如看證據，**圖3**為芳樟醇的質量分析結果。橫軸代表質量數（相當於分子量），縱軸代表其離子的強度。像這樣把成份裡所含的多種訊息分離、攤開呈現的圖表稱作質譜。芳樟醇的分子量為一五四（小數點以下不標示），所以若芳樟醇本身為正離子，在質譜上的刻度一五四附近應該會出現峰值，即使是小峰值也一樣。但是如前面所說，這個分子很容易因為電子碰撞被破壞，所以並未見到峰

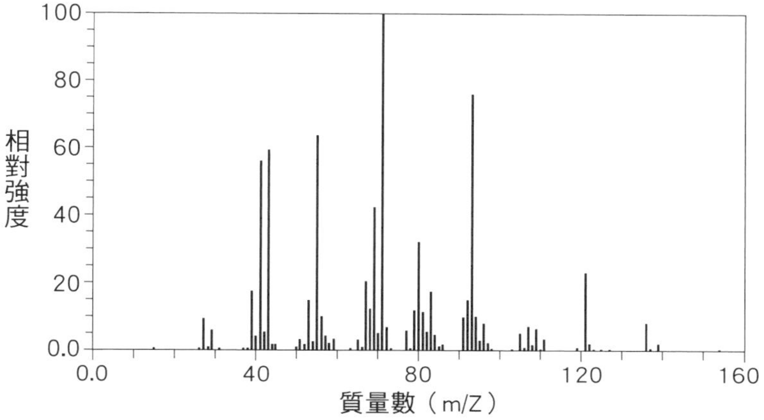

圖3 芳樟醇的質量分析結果

值出現。質譜中可見到的最大的質量數峰值為一三六。這相當於電子撞擊讓氫氧基周邊欠缺相當於水分子的部份構造裡的離子（**圖4**）。水分子的分子量為一八，所以一五四減一三六等於一八，數目吻合。這個分子碎片再受到電子破壞，成為質量數九三的分子碎片。另一方面，其他的鍵結也遭到切斷，產生質量數八三的分子碎片。當然，質譜上也出現相當於遭切斷後另一邊分子碎片（質量數七一）的峰值。分子被電子破壞時，除此反應外，實際上也有其他的多種反應，所以質譜上除了這裡說明的峰值外，也可看到其他幾個峰值。但是先前提到的碎片化很合理，我們可以視這些碎片是因為芳樟醇的關係。推斷其他的分子不太可能出

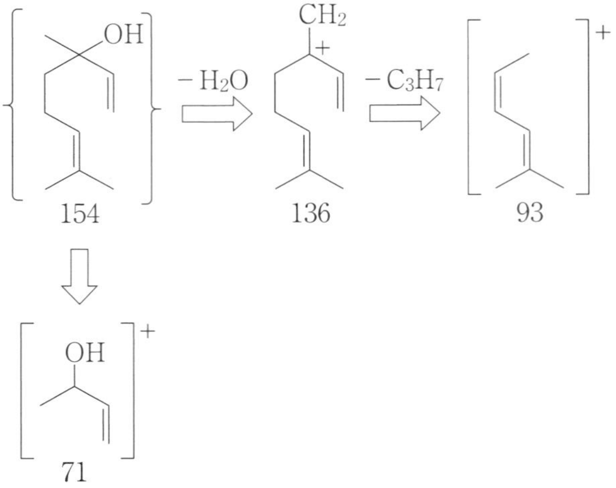

圖4 透過質量分析儀得到的芳樟醇分子碎片資料

現同樣的分解模式。換句話說，根據這個質量分析，結果顯示此分子應該是芳樟醇，其化學構造應如**圖1**所示。

除非明白芳樟醇有著**圖1**所示的化學構造，否則就很難解釋**圖4**。若沒有任何化學構造的資料，也很難利用質量分析儀充分了解化學構造。但是在分析氣味分子時，通常事先早已得知所含的分子種類，在明白含有哪些分子後，使用質量分析儀就是一種很方便且有效的方法。質量分析的方法在近年來大幅進步，不僅適用於香料分子這類小分子，也可用在蛋白質這類巨大分子上。隨著質量分析儀的進化，生化學與醫學領域得以長足進展。田中耕一教授的質量分析儀的研究獲得二〇〇二年的諾貝爾化學獎，相信在眾人心中依然記憶猶新。

若將氣相層析儀分離的分子立即輸入質量分析儀，即可從各個滯留時間獲得分子化學構造的相關資訊，十分方便。在現實中，也已經製造出可如此進行測定的氣相層析質量分析計（GC／MS），廣泛應用在香氣成分的分析上。

紅外線吸收光譜法

紅外線吸收光譜法是一種可靠的質量分析方法，但因為原理上只看質量數，所以化學構造僅止於推論。一般而言，會與其他能提供化學構造資料的分析方法一起使用。

在日常生活中，我們經常見到放置在曬得到陽光處時的物品出現變色的情形。陽光照射的光中包含了各種波長的光線。人眼可見的光僅止於彩虹的七色的範圍而已。物品之所以會變色，是因為光線被物質吸收後，出現化學反應所造成。物質的種類，也就是構成物品的分子不同，所吸收的光線波長也不同。紫外線之所以對人體皮膚影響很大，就是因為我們的皮膚能吸收紫外線的緣故。反過來，若能知道所吸收的光線波長，我們就能取得構成該物質的分子化學構造。

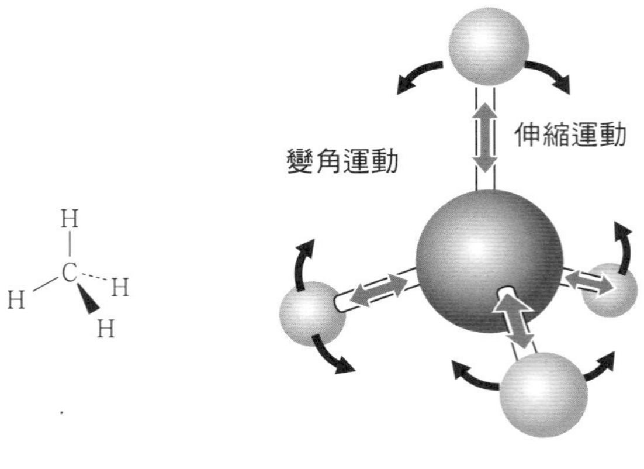

圖5 甲烷分子內的原子運動

紅外線暖氣桌只要開啟電源溫度即會上升，變得溫暖。這是因為布料吸收了紅外線後，紅外線振動構成布料的分子產生了熱。這跟小孩子的互推比力氣的遊戲類似，推來推去的運動之間分子就跟著發熱。如**圖5**所示，例如甲烷分子是由碳原子、氫原子串連（鍵結）在一起所構成。在這個分子中，要讓鍵結在一起的原子移動的方法至少有兩種。一種是讓C－H的鍵結延展、收縮運動（伸縮）。另一種是以H－C－H的構造以C作為中心，讓兩側的H像小鳥拍動翅膀一樣地運動（變角）。當波長與靜止的甲烷分子相當的紅外線照射到甲烷上，甲烷分子就會出現前述的伸縮與變角運動。換一個方式來說，甲烷從照射到的紅外線中，吸收了足以啟動運動的紅外線能

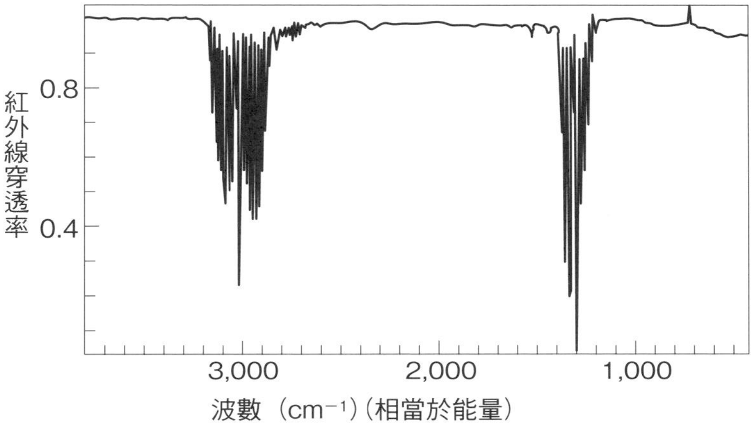

圖6 甲烷分子的紅外線吸收光譜圖

量。

圖6為甲烷分子吸收紅外線光的光譜圖。途中的橫軸代表紅外線的能量，縱軸為通過的紅外線強度。1代表紅外線全數通過，朝下的峰值代表被吸收的紅外線。通常，紅外線吸收光譜圖中，能量是以波長的倒數量表示，不過關於此點在此不多贅述，讀者只需知道數值越大代表能量越高即可。**圖6**中有許多的高峰出現，但可大致分為兩群。一群出現在一三〇〇 cm^{-1} 附近，令一群出現在三〇二〇 cm^{-1} 附近。前者是H－C－H小鳥振翅般的運動，後者為C－H的伸展收縮運動。現實中分子運動也包含了複雜的運動，所以除了這兩組峰值外還有其他峰值，但從光譜圖很清楚顯示，這其中甲烷分子的存在。

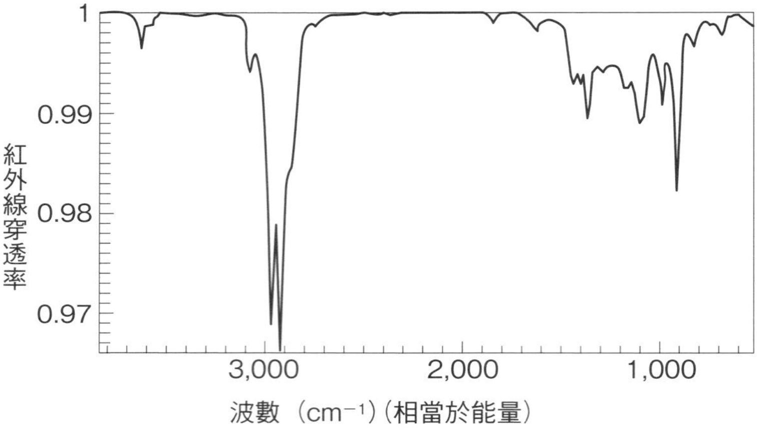

圖7 芳樟醇的紅外線吸收光譜圖

圖7是芳樟醇的紅外線吸收光譜圖。這樟光譜圖比甲烷的更為複雜，但是這張光譜圖提供了一個很重要的訊息。首先在三六〇〇cm^{-1}附近出現了一個範圍很大的單一峰值。這個峰值來自O－H鍵結的伸縮運動。圖中清楚顯示這個分子擁有氫氧基（－OH）。然後在三〇〇〇cm^{-1}附近也可見到和甲烷分子C－H鍵結伸縮運動相當的峰值，所以確定有C－H的存在。這個部份出現多個峰值，代表存在＝C－H形態的C－H鍵結。另外在一六〇〇cm^{-1}附近的峰值意味著C＝C的存在。當然這些資料並無法立刻證明這是芳樟醇的化學構造，但是紅外線吸收光譜提供了原本難以得知之分子的部份化學構造（包括官能基在內）。紅外線吸收光譜圖雖然是歷史悠久的分析

方法，但目前依然非常好用，其道理就在這裡。

核磁共振光譜法

原子基本上是由原子核與電子構成。有幾種原子核具有核自旋的性質。帶有核自旋的原子核會產生磁矩，讓原子核像地球自轉一樣地旋轉。旋轉方向分為向右旋轉與向左旋轉。原子核帶電性（電荷），所以一旋轉就會產生磁場。也就是說，這個原子核的性質像是一個小磁鐵，原子核的這個現象被稱作帶有磁矩。並非所有的原子核都會產生核自旋。在了解有機化合物的構造時，最關鍵的原子核為^{1}H與^{13}C。^{1}H是氫原子核的意思，但在化學上，從氫原子的電子拉走的狀態稱作質子，所以一般就將氫原子核稱作質子。^{13}C是碳原子，^{13}C與地球上存在最多的^{12}C不同，在原子核多了一個中子，是^{12}C的同位素元素。接著我們先以^{1}H為主角討論。

圖8中的箭頭所指之處為氫原子核的小磁鐵。當氫原子核在(A)這樣不受外部影響的狀態小，氫原子核的小磁鐵分別朝向不同的方向。當外部出現磁場時，氫原子核就會呈現(B)、小磁鐵朝外部磁場方向排列的狀況。與外部磁場朝相反方向排列的小磁場處於安定的狀態（低

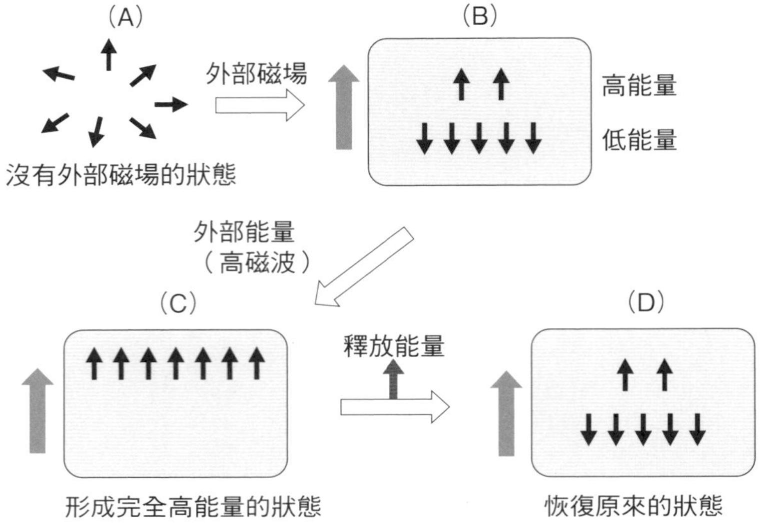

圖8 核磁共振光譜法的原理

能量），與外部磁場同向排列的小磁鐵狀態不穩定（高能量）。在這個外部磁場的環境下，要勉強讓安定配向的小磁鐵朝相反方向配列時，須施加能量。在日常世界中，將兩個磁鐵的N極對N極相靠近時會產生相斥力，所以若要強迫兩者靠近，就須施加額外的力量。原子核在接受到電磁波下會得到能量，此時可讓原本安定的小磁鐵朝不安定狀態方向移動。更具體來說，就是在有磁場的狀態下，從外側照射某周波數範圍的電磁波。周波數越高的電磁波能量越大，如果讓原子核吸收足以讓小磁鐵全部朝外部磁場方向排列所需的能量時，小磁鐵就會朝不安定的方向排列(C)。正如同紅外線吸收光譜的狀況一樣，位於連續頻率（能量）的電磁波中，特定周波數領域的電磁波會被原子核吸收。當電磁波停止照射（停止供應能量）時，原本朝不安定方向排列的小磁鐵，就會再度恢復安定狀態(D)時的排列方式。此時，不安定狀態與安定狀態的能量差就成為電磁波的能量被釋放出來。電磁波能量剛好足以讓小磁鐵轉向不安定方向的值稱作共振，所以這個過程稱作核磁共振。

若要以共振頻率呈現引發核磁共振的能量，其表現數字極小，因此會採用基準物質表示。在表示時，首先會計算該物質中的原子核共振周波數（H_0）。基準物質一般此用四甲基矽烷（TMS，**圖9**）分子。這個分子中的氫原子核，須較一般的有機分子更高周波數的能量才會產生共振，所以大部分的有機分子中的氫原子核的共振周波數都比TMS低。計算原子核的共振周波數時，將想得知的周波數設為H_1，算式作（H_1-H_0）／H_0。與H_0相比，（H_1-H_0）的值非常小，因此（H_1-H_0）／H_0的單位為ppm。

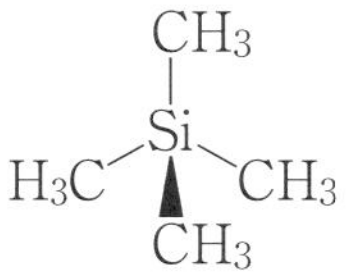

圖9 核磁共振的基準化合物四甲基矽烷（Tetramethylsilane）

與其講半天理論還不如看看證據。**圖10**是甲苯分子的氫原子核核磁共振光譜圖。一般簡稱為NMR光譜、質子NMR光譜或¹H-NMR光譜。甲苯分子總共有八個氫原子核，分為兩組，一組是鍵結了苯環的有五個（Ha），另一組是鍵結了甲基的三個（Hb）。苯環的碳原子間化學鍵帶有介於單鍵與雙鍵的中間性質，電子在苯環內可自由流動。將磁場加在電子可自由流動的位置上，電子就會產生與該磁場逆向的磁場。換個說法，在鍵結於苯環的氫原子核上施加磁場，因為苯環內電子的關係，就會產生逆向磁場，有部份磁場就與外來的磁場相抵消（電磁屏蔽）。因此，要讓此氫原子核的小磁鐵轉向，必須施加更強能量的電磁波才行。相對地，要逆轉甲基之氫原子核的小磁鐵不需要額外的能量。因此鍵結在苯環的氫原子與鍵結在甲基的氫原子會在不同的周波數下產生共振。

請讀者參看**圖10**。前面談到以基準分子所在位置作為〇ppm，因此**圖10**顯示了兩個峰值集團，位於二．三四ppm的峰值①與七～七．三八ppm的峰值②。根據先前的解說，可推斷峰值②是鍵結在苯環的氫原子，峰值①是鍵結在甲基的氫原子。事實上這樣的推斷正確無誤，各個峰值的面積也與該處存在的氫原子數量成正比。從圖中的峰值面積來看，兩個峰值得氫原子數目比例為五比三。

上述NMR光譜圖也告訴我們分子內含的氫原子其周邊化學環境的狀況。有機化合物含

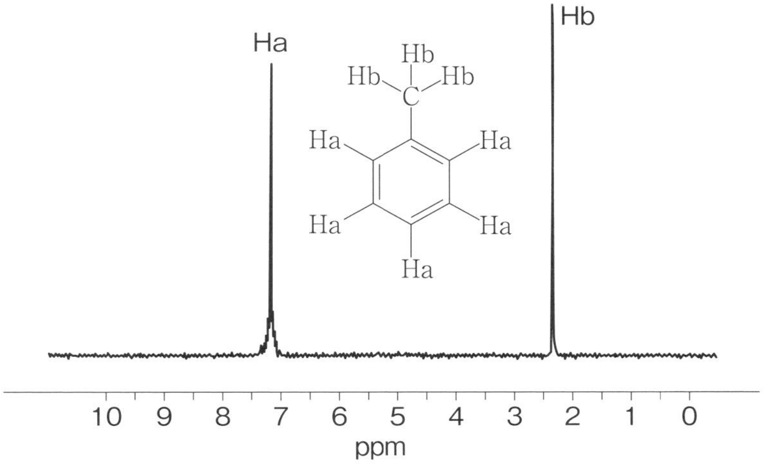

圖10 甲苯的NMR光譜圖

有大量的氫原子，各個氫原子所在的化學環境資訊對於掌握該分子之化學構造十分有用。前文中也談過，只要知道質量分析光譜、紅外線吸收光譜以及NMR光譜，即能掌握過去大半未知的分子化學構造。目前不論是自然界發現的新分子或是合成化學所得的新分子，主要皆仰賴這些光譜掌握其分子化學構造。

那麼，芳樟醇的NMR光譜圖長什麼樣子呢（**圖11**）？芳樟醇的光譜構造比甲苯更為複雜，其峰值分成兩群。我們已經知道芳樟醇的化學構造，所以要解釋這樟光譜圖不難。五ppm以上的峰值顯示在苯環或雙鍵有很多電子的領域，存在產生電磁屏蔽效果的原子團上有氫原子結合。在與雙鍵有關的碳原子上，有四

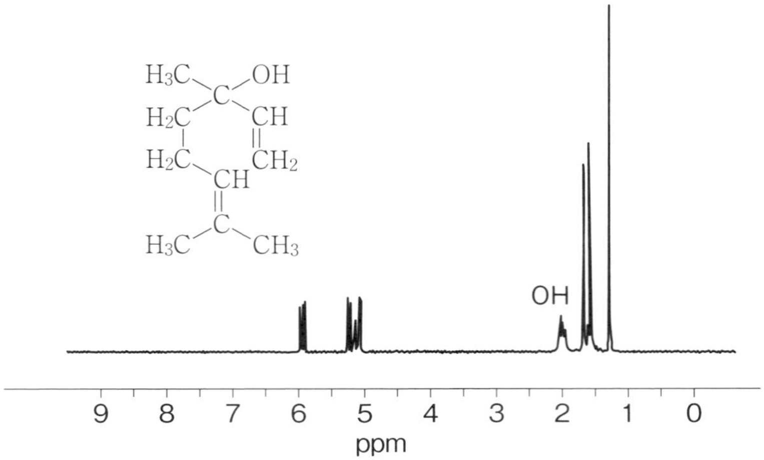

圖11 芳樟醇的NMR光譜圖

個氫原子直接結合。二ppm以下的氫原子附近應該沒有雙鍵或苯環。這裡的氫原子有十三個。甲基（$-CH_3$）與亞甲基（$-CH_2-$）的氫原子應該出現動樣的變動。氫氧基的氫原子約有二ppm。與其他峰值相比，這裡的峰值面積較廣，這是樣本中含水時的特徵，光譜圖中會出現氫氧基的氫原子的峰值。

前面提過，若附近存在雙鍵或苯環，該部份的電子會導致氫原子的共振周波數變大。存在於我們所關注的氫原子周邊的各種原子，都會影響到氫原子的共振周波數變大會變小（稱作耦合）。這讓光譜圖變得更為複雜，但若能一一追溯分析各個峰值的特徵，就能明白哪個氫原子對應哪一個峰值。尤其是有氣味的分子，構成原子的數目較少，所以分析不是太困難。

綜合分析幾種光譜圖的資訊，即可推斷出分子的化學構造，這個分析過程就像是一場頭腦的遊戲。和市面上販售的遊戲不同，這種分析只能仰賴自己的能力，是一種極為刺激的遊戲。有興趣的讀者務必親身體驗看看。

植物的種類	成份分子	含有量 (%)
橙花精油（埃及）	檜烯（Sabinene）	0.4-1.6
	橙花醇（Nerol）	1.1-1.3
	(*E*)- *β* - 羅勒烯（Ocimene）	0.7-1.0
安息香（蘇門答臘）	苯甲酸苄酯（Benzyl benzoate）	50.7
	苯甲醇（benzyl alcohol）	43.4
	(*E*)- 桂 皮 酸（cinnamic acid）-(*Z*)- 肉 桂 基（cinnamyl）	1.5
	桂皮酸（cinnamic acid）	1.4
	肉桂酸乙酯（Ethyl cinnamate）	1
	苯甲酸（benzoic acid）	0.1
洋甘菊（羅馬）	歐白芷酸異丁酯（Isobutyl angelate）	0-37.4
	歐白芷酸丁酯（Buthyl angelate）	0-34.9
	歐白芷酸3- 甲基戊酯	0-22.7
	丁酸異丁酯（Butyric acid isobutyl）	0-20.5
	歐白芷酸異戊酯（Angelic acid isoamyl ester）	8.4-17.9
	Angelic acid2-Methyl-2- Propenyl	0-13.1
	Isobutyric acid2-3- Methylpentyl	0-12.5
	Angelic acid2-Methyl-2- Propyl	0-7.4
	莰烯（Camphene）	0-6.0
	冰片（Borneol）	0-5.0
	α - 蒎烯（*α* - Pinene）	1.1-4.5
	α - 萜品烯（*α* -terpinen）	0-4.5
	母菊藍烯（(Chamazulene)）	0-4.4
	(*E*)- 松香芹醇（Pinocarveol）	0-4.4
	α - 側柏烯（*α* -thujene）	0-4.1

摘錄自“Essential Oil Safety : A Guide for Health Care Professionals“，R. Tisserand and R. Young（Churchill Livington, 2014）

植物的種類	成份分子	含有量(%)
玫瑰（大馬士革，保加利亞）	丁香油酚（Eugenol）	0.5-1.2
	乙酸香葉酯（Geranyl acetate）	0.2-1.0
玫瑰（純香、普羅旺斯）	β-苯乙醇（2-phenyl ethanol）	64.8-73.0
	(-)-香茅醇（Citronellol）	8.8-12.0
	烯烴（Alkene）與烷烴（Alkane）類	1.1-8.5
	香葉醇（Geraniol）	4.9-6.4
	橙花醇（Nerol）	0-3.0
	丁香油酚（Eugenol）	0.7-2.8
	(*E*, *E*)-金合歡醇（farnesol）	0.5-1.3
	松油烯-4-醇（Terpinen-4-ol）	0-1.0
	甲基丁香酚（Methyl eugenol）	0-0.8
檀香木（澳洲西部）	α-檀香醇（α-santalol）	15.3-17.0
	α-沒藥醇（α-bisabolol）	12.4-15.0
	(*Z*)-香榧醇（nuciferol）	9.0-14.0
	(*E*, *E*)-金合歡醇（farnesol）	7.9-8.4
	榧素（Dendrolasin）	3.3-5.3
	(*Z*)-β-檀香醇（Santalol）	4.6-4.8
	(*E*)-香榧醇（nuciferol）	2.2-4.8
	(*E*)-α-佛手柑油烯（Bergamotol）	3.8-4.6
	β-沒藥醇（Bisabolol）	2.9-4.4
	異愈創木醇（Bulnesol）	1.0-3.6
	(*E*)-β-檀香醇（santalol）	2.9-3.3
	(*Z*)- Lanceroll	2.3-3.0
	(*E*)-橙花叔醇（Nerolidol）	0-2.2
	愈創醇（Guaiol）	0.4-2.0
	β-薑黃烯（Curcumene）	1.3-1.5
	ε-β-檀香醇（ε-β-santalol）	1.0-1.4
	β-檀香（Santalum）	0.5-1.0
橙花精油（埃及）	芳香醇（Linalool）	43.7-54.3
	(+)-檸檬烯（Limonene）	6.0-10.2
	乙酸沉香酯（Linalyl acetate）	3.5-8.6
	(*E*)-β-羅勒烯（Ocimene）	4.6-5.8
	α-松油醇（Terpineol）	3.9-5.8
	β-蒎烯（β- Pinene）	3.5-5.3
	乙酸香葉酯（Geranyl acetate）	3.4-4.1
	(*E*)-橙花叔醇（Nerolidol）	1.3-4.0
	香葉醇（Geraniol）	2.8-3.6
	(*E*, *E*)-金合歡醇（farnesol）	1.6-3.2
	乙酸橙花酯（Neryl acetate）	1.7-2.1
	β-月桂烯（myrcene）	1.4-2.1

植物的種類	成份分子	含有量(%)
乳香	β-月桂烯（Myrcene）	0-20.7
	β-蒎烯（β-Pinene）	0-9.1
	β-石竹烯（β-caryophyllene）	1.9-7.5
	p-異丙基甲苯（p-cymene）	0-7.5
	松油烯-4-醇（Terpinen-4-ol）	0-6.9
	馬鞭烯酮（Verbenone）	0-6.5
	檜烯（Sabinene）	0-5.5
	芳香醇（Linalool）	0-5.4
	α-側柏烯（α-thujene）	0-4.5
	乙酸冰片酯（Bornyl acetate）	0-2.9
	δ-3-蒈烯（Carene）	0-2.6
	δ-杜松萜烯（Cadinene）	0-2.3
	莰烯（Camphene）	0-2.0
	α-石竹烯（α-caryophyllene）	0-1.8
茉莉花（純香）	乙酸苄酯（Benzyl acetate）	15.0-24.5
	苯甲酸苄酯（Benzyl benzoate）	8.0-20.0
	植醇（Phytol）	7.0-12.5
	2,3-環氧鯊烯（2,3-Oxidosuqualene）	5.8-12.0
	異植醇（Isophytol）	5.0-8.0
	乙酸植基酯（Phytyl acetate）	3.5-7.0
	芳香醇（Linalool）	3.0-6.5
	角鯊烯（Squalene）	2.5-6.0
	香葉酯－芳香醇（Gerany-Linalool）	2.5-5.0
	吲哚（Indole）	0.7-3.5
	(Z)-茉莉酮酸（Jasmonate）	1.5-3.5
	丁香油酚（Eugenol）	1.1-3.0
	(Z)-茉莉酸甲酯（Methyl jasmonate）	0.2-1.3
	茉莉內酯（Jasmon lactone）	0.3-1.2
	苯甲酸甲酯（Methyl benzoate）	0.2-1.0
玫瑰（大馬士革，保加利亞）	(-)-香茅醇（Citronellol）	16.0-35.9
	香葉醇（Geraniol）	15.7-25.7
	烯烴（Alkene）與烷烴（Alkane）類	19.0-24.5
	橙花醇（Nerol）	3.7-8.7
	甲基丁香酚（Methyl eugenol）	0.5-3.3
	芳香醇（Linalool）	0.4-3.1
	乙酸香茅酯（Citronellyl acetate）	0.4-2.2
	乙醇（Ethyl alcohol）	0.01-2.2
	β-苯乙醇（2-phenyl ethanol）	1.0-1.9
	(E, E)-金合歡醇（farnesol）	0-1.5
	β-石竹烯（β-caryophyllene）	0.5-1.2

植物的種類	成份分子	含有量(%)
尤佳利	α-蒎烯（α-Pinene）	3.7-14.7
	(+)-檸檬烯（Limonene）	1.8-9.0
	藍桉醇（Globulol）	微量-5.3
	(*E*)-松香芹醇（Pinocarveol）	2.3-4.4
	p-異丙基甲苯（p-cymene）	1.2-3.5
	(+)-香橙烯（Aromadendrene）	0.1-2.2
檸檬	(+)-檸檬烯（Limonene）	56.6-76.0
	β-蒎烯（β-Pinene）	6.0-17.0
	γ-萜品烯（γ-terpinen）	3.0-13.3
	α-松油醇（α-Terpineol）	0.1-8.0
	α-蒎烯（α-Pinene）	1.3-4.4
	檸檬醛（Geranial）	0.5-4.3
	檜烯（Sabinene）	0.5-2.4
迷迭香（摩洛哥）	1,8-桉樹腦（1,8-cineole）	39.0-57.7
	樟腦	7.4-14.9
	α-蒎烯（α-Pinene）	9.6-12.7
	β-蒎烯（β-Pinene）	5.5-7.8
	β-石竹烯（β-caryophyllene）	0.5-6.3
	α-石竹烯（α-caryophyllene）	0.1-5.4
	冰片（Borneol）	3.0-4.5
	莰烯（Camphene）	3.2-4.0
	α-松油醇（α-Terpineol）	0-3.1
	p-異丙基甲苯（p-cymene）	0.9-2.5
	(+)-檸檬烯（Limonene）	1.5-2.1
	芳香醇（Linalool）	0.7-1.7
	β-月桂烯（Myrcene）	0.7-1.6
	松油烯-4-醇（Terpinen-4-ol）	0.5-1.2
	γ-萜品烯（γ-terpinen）	0-1.2
佛手柑	(+)-檸檬烯（Limonene）	27.4-52.0
	乙酸沉香酯（Linalyl acetate）	17.1-40.4
	芳香醇（Linalool）	1.7-20.6
	檜烯（Sabinene）	0.8-12.8
	γ-萜品烯（γ-terpinen）	5.0-11.4
	β-蒎烯（β-Pinene）	4.4-11.0
	α-蒎烯（α-Pinene）	0.7-2.2
	β-月桂烯（Myrcene）	0.6-1.8
	乙酸橙花酯（Neryl acetate）	0.1-1.2
乳香	α-蒎烯（α-Pinene）	10.3-51.3
	α-水芹烯（phellandrene）	0-41.8
	(+)-檸檬烯（Limonene）	6-21.9

植物的種類	成份分子	含有量(%)
天竺葵（埃及）	甲酸香茅酯（Citronellylformate）	6.5-6.7
	異薄荷酮（Isomenthone）	5.7-6.1
	10-Epi-γ-Eudesmol	5.5-5.7
	甲酸香葉酯（Geranyl formate）	3.6-3.7
	丁酸香葉酯（Geranyl butyrate）	1.5-1.9
	Tiglic acid geraniol ester	1.5-1.9
	β-石竹烯（β-caryophyllene）	1.2-1.3
	癒創木-6,9-二烯（guaia-6,9-diene）	0.3-1.2
	大根香葉烯（Germacrene D）	0.3-1.2
	Propionic acid geranyl	1.0-1.1
	玫瑰醚（Rose oxide）	0.9-1.0
茶樹	松油烯-4-醇（Terpinen-4-ol）	39.8
	γ-萜品烯（γ-terpinen）	20.1
	α-萜品烯（α-terpinen）	9.6
	萜品油烯（Terpinolene）	3.5
	1,8-桉樹腦（1,8-cineole）	3.1
	α-松油醇（α-Terpineol）	2.8
	p-異丙基甲苯（p-cymene）	2.7
	α-蒎烯（α- Pinene）	2.4
	(+)-香橙烯（Aromadendrene）	2.1
	洋菩提（Linden）	1.8
	杜松萜烯（Cadinene）	1.6
	(+)-檸檬烯（Limonene）	1.1
薄荷	(-)-薄荷腦（menthol）	19.0-54.2
	薄荷酮（menthone）	8.0-31.6
	(-)-乙酸薄荷酯（Menthyl acetate）	2.1-10.6
	新薄荷醇（Neomenthol）	2.6-10.0
	1,8-桉樹腦（1,8-cineole）	2.9-9.7
	(6R)-(+)-薄荷呋喃（Menthofuran）	微量-9.4
	異薄荷酮（Isomenthone）	2.0-8.7
	松油烯-4-醇（Terpinen-4-ol）	0-5.0
	(1R)-(+)-β-胡薄荷酮（Pulegone）	0.3-4.7
	(+)-檸檬烯（Limonene）	0.8-4.5
	大根香葉烯（Germacrene D）	微量-4.4
	β-石竹烯（β-caryophyllene）	0.1-2.8
	(*E*)-檜烯（Sabinene）	0.2-2.4
	β-蒎烯（β- Pinene）	0.6-2.0
	辣薄荷酮（Piperitone）	0-1.3
	異薄荷酮（Isomenthone）	0.2-1.2
尤佳利	1,8-桉樹腦（1,8-cineole）	65.4-83.9

植物中含有的香氣分子

植物的種類	成份分子	含有量(%)
薰衣草 （法國）	芳香醇（Linalool）	44.4
	乙酸沉香酯（Linalyl acetate）	41.6
	乙酸薰衣草酯（Lavandulyl acetate）	3.7
	β-石竹烯（β-caryophyllene）	1.8
	松油烯-4-醇（Terpinen-4-ol）	1.5
	冰片（Borneol）	1
依蘭 （完全精油）	大根香葉烯（Germacrene D）	28.2
	苯甲酸苄酯（Benzyl benzoate）	9.1
	(E, E)-α-法尼烯（Farnesene）	8.6
	乙酸苄酯（Benzyl acetate）	7.9
	芳香醇（Linalool）	7.4
	β-石竹烯（β-caryophyllene）	7.1
	乙酸香葉酯（Geranyl acetate）	3.7
	(E, E)-乙酸金合歡酯（Farnesyl Acetate）	2.6
	β-石竹烯（Beta-caryophyllene）	2.5
	(E)- Acetic acid cinnamyl	2.4
	(E, E)-金合歡醇（farnesol）	2.3
	苯甲酸甲酯（Methyl benzoate）	2
	苯甲酸(Z)-3-己烯酯（Hexenyl）	1.6
	雙環大牛兒烯（Bicyclogermacrene）	1
	α-杜松子醇（α- Cadinol）	1
	3-甲基-2-丁烯基乙酸酯（3-Methyl-2-butenyl acetate）	1
甜橙 （義大利）	(+)-檸檬烯（Limonene）	93.7-95.6
	β-月桂烯（Myrcene）	1.7-2.5
	檜烯（Sabinene）	0.2-1.0
杜松子	α-蒎烯（α- Pinene）	41.1
	β-月桂烯（Myrcene）	15.2
	檜烯（Sabinene）	9.8
	大根香葉烯（Germacrene D）	6.3
	(+)-檸檬烯（Limonene）	3.1
	β-蒎烯（β- Pinene）	2.8
	δ-蓽澄茄烯（δ-cadinene）	2.7
	松油烯-4-醇（Terpinen-4-ol）	1.9
	大根香葉烯（Germacrene B）	1.8
	β-石竹烯（β-caryophyllene）	1.7
	α-石竹烯（α-caryophyllene）	1.4
	β- Elemen	1
天竺葵 （埃及）	香茅醇（Citronellol）	24.8-27.7
	香葉醇（Geraniol）	15.7-18.0
	芳香醇（Linalool）	0.5-8.6

【筆畫二十～】

【筆畫十六～二十】

【筆畫十一～十五】

【筆畫六～十】

索引

國家圖書館出版品預行編目（CIP）資料

香氣的科學：從天然香氣、人工合成香氣的分子構造到萃取提煉的技術原理全解析／平山令明著；黃怡筠譯.
-- 初版. -- 臺中市：晨星, 2020.12
面；公分. --（知的！；172）

ISBN 978-986-5529-71-0（平裝）

1. 有機化學

346.3　　109014747

知的！172

香氣的科學

從天然香氣、人工合成香氣的分子構造到萃取提煉的技術原理全解析

填回函，送Ecoupon

作者　平山令明
譯者　黃怡筠
編輯　李怜儀
校對　李怜儀
封面設計　季曉彤
內文圖版　さくら工芸社
美術設計　黃偵瑜

創辦人　陳銘民
發行所　晨星出版有限公司
407台中市西屯區工業30路1號1樓
TEL：04-23595820　FAX：04-23550581
行政院新聞局局版台業字第2500號
法律顧問　陳思成律師
初版　西元2020年12月15日　初版1刷

總經銷　知己圖書股份有限公司
106台北市大安區辛亥路一段30號9樓
TEL：02-23672044 / 23672047　FAX：02-23635741
407台中市西屯區工業30路1號1樓
TEL：04-23595819　FAX：04-23595493
E-mail：service@morningstar.com.tw
晨星網路書店 http://www.morningstar.com.tw
讀者專線　04-23595819#230
郵政劃撥　15060393（知己圖書股份有限公司）
印刷　上好印刷股份有限公司

定價450元

ISBN 978-986-5529-71-0
《「KAORI」NO KAGAKU NIOI NO SHOUTAI KARA SONO KOUNOU MADE》